国家重点研发计划项目“不同温升情景下区域气象灾害风险预估”资助

全球台风报文 TAC 格式的编码规则解析

韩 瑞 曹 磊 高 峰 陈东辉 编著

气象出版社
China Meteorological Press

内 容 简 介

本书是一本关于全球台风及相关观测报文 TAC（Traditional Alphanumeric Codes，传统字母数字编码）格式编码规则解析的工具书。书中从编发台风报文的编报中心讲起，结合世界气象组织编发的《全球电信系统手册》和《电码手册》，分析包含台风及台风相关报文的报头，由国际通信系统（GTS）的接收端入手查找报文，收集梳理报文，并按照报文有规则、部分规则和自定义格式三部分，以实例为依据进行报文结构的归纳总结和报文含义的逐词解析。

本书基本涵盖了目前全球台风及相关观测报文 TAC 格式的报文类型，可用于从事台风业务人员和科研人员，特别是可用于台风预报和资料处理等方面，还可用于与台风业务相关的其他行业和部门。

图书在版编目（CIP）数据

全球台风报文TAC格式的编码规则解析 / 韩瑞等编著
. -- 北京 : 气象出版社, 2024.6
ISBN 978-7-5029-8203-4

Ⅰ. ①全… Ⅱ. ①韩… Ⅲ. ①台风－气象数据－编码标准 Ⅳ. ①P444-65

中国国家版本馆CIP数据核字(2024)第104168号

全球台风报文 TAC 格式的编码规则解析

QUANQIU TAIFENG BAOWEN TAC GESHI DE BIANMA GUIZE JIEXI

出版发行：气象出版社
地　　址：北京市海淀区中关村南大街 46 号　　邮政编码：100081
电　　话：010-68407112（总编室）　010-68408042（发行部）
网　　址：http://www.qxcbs.com　　E-mail：qxcbs@cma.gov.cn
责任编辑：陈　红　　终　　审：张　斌
责任校对：张硕杰　　责任技编：赵相宁
封面设计：楠竹文化
印　　刷：北京中石油彩色印刷有限责任公司
开　　本：787 mm × 1092 mm　1/16　　印　　张：11.25
字　　数：285 千字　　彩　　插：1
版　　次：2024 年 6 月第 1 版　　印　　次：2024 年 6 月第 1 次印刷
定　　价：70.00 元

前　　言

台风是一种高影响的强天气系统。近年来，随着全球气候变暖加剧，台风致灾事件频发，如何提高全球台风预报的准确性和时效性，不仅是国内外各大台风预报中心和科研机构高度关注的科学问题，也是各国防灾减灾、保护生命财产安全的重大需求。无论是传统数值模式，还是人工智能，改进台风初值质量依旧是提高台风预报的重要途径之一，但全球台风及相关观测报文的短缺成为该途径的主要瓶颈。

根据世界气象组织热带气旋计划（WMO-TCP）要求，全球海域被划分为 8 个台风区域 13 个分区，每个区域有 1～2 个台风区域中心或警报中心，同时针对每次台风过程，很多国家和地区也编发台风警报或预报等信息。根据国家气象信息中心 2018 年近一年收集的 39000 余份报文进行分析，目前我国通过世界气象组织国际通信系统（GTS），能接收到 29 个国家和地区的编报中心近百余种与台风相关的报文，但其能够提供业务科研使用的数量很少。因此，目前全球台风及相关观测报文的短缺现象，不是因为没有资料，而是由于没有通过合适的报文编码规则找到资料造成的。

根据世界气象组织编发的《电码手册》（*Manual on Codes*，WMO-No.306）可知，与地面、高空、辐射等传统观测报文不同，全球台风报文尚无统一格式的编报规则，各编报中心会根据各个国家和地区报文主要内容，编发不同规则的报文；另外，一个编报中心也会由于不同的报文目的，编发不一样格式的报文。与此同时，与台风报文处境类似的，还有与台风密切相关的下投式探空仪资料、卫星定位资料、地面风资料等，这些都是由于没有对复杂多变的报文编码规则进行逐类逐一解析，导致很多台风及相关观测资料，因无法解码而得不到业务科研的应用。

所以，完成全球台风及相关报文资料的编码解析工作，是一个分析报文规则的基础性问题，也是一个关系台风预报的关键性问题。本书以 GTS 收集历史和实时大量资料为样本，尝试开展台风及相关报文的科学分类，完成对报文编码规则的解析工作，并整理成册，普惠业务科研人员。

最后，感谢国家重点研发计划项目“不同温升情景下区域气象灾害风险预估”（2019YFA0606900）对本书的资助。感谢上海台风研究基金（TFJJ201904）和国家重点研发计划项目（2016YFA0600301）在本书筹备期间的支持。感谢上海台风研究所余晖所长、陈国民主任对作者的帮助。再次感谢从筹备、编著、成书、出版过程中，所有对作者和本书给予帮助的人。本书涉及台风报文的种类、语言相关资料较多，不当或疏漏之处，敬请各位专家、同仁和读者批评指正。

作者

2024 年 1 月

目　　录

第 1 章　全球台风报文概述

本章主要从全球台风编报中心的分布、全球台风报文的传输方式、全球台风报文的已知类型以及相关概念四个方面介绍。通过描述全球台风编报中心的分布、传输，让读者对全球台风报文有一个数据的生产源头和接收链路的整体框架，最后讲报文种类，告诉读者按照一些规定标识可以对台风数据的内容分类，希望读者在应用过程中，可以根据研究内容，定位选择资料种类和编报中心，节约台风报文的解析时间。

1.1　全球台风编报中心的分布

彩图 1.1 是世界气象组织（WMO）对全球台风区域的划分和 WMO-TCP 计划成员编报中心分布，以蓝色虚线分界，一开始将全球划分为 8 个台风区域。由于第八个区域包含了多个警报中心，为了保证区块中包含 1～2 个区域中心（RSMCs）或警报中心（TCWCs），明确区域中心和警报中心的职责范围；所以 WMO-TCP 计划将 8 个区域细化分为 13 个区块（彩图 1.1），再加上周边各成员国和地区中心（NMHSs）的台风警报和警告，形成区域协调系统，以确保生命损失和热带气旋造成的损害减小到最低。彩图 1.1 中的圆点代表存在编报中心的 WMO 成员国和地区。

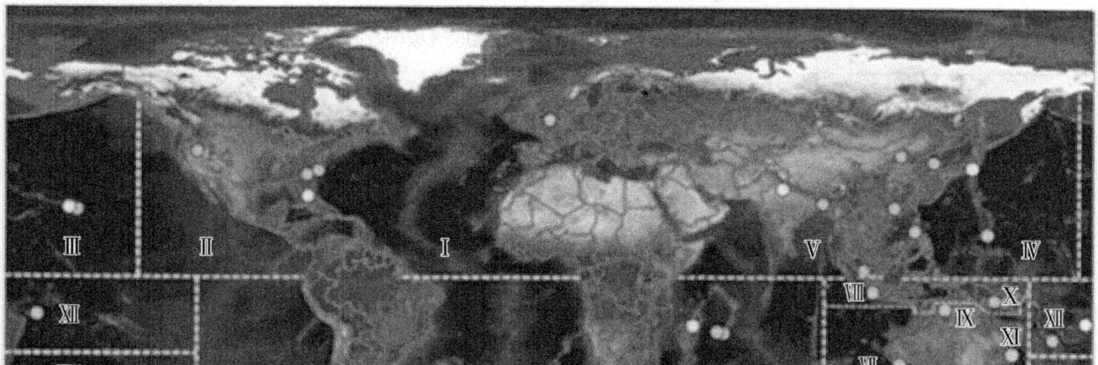

图 1.1　WMO-TCP 计划细化分区及存在编报中心的 WMO 成员国和地区分布（另见彩图）

对于台风原始报文的摸底，因为不知道现有编报中心的名单，所以从国家气象信息中心（NMIC）归档系统，选取标志为“WT”的报文进行分析存在的编报中心（编报中心：是指编发台风报文的发报单位），并粗筛报文内容发现：有 1 个编报中心 WSSS，报文无台风实况观测或预报内容。

表 1.1 是根据 WMO 的台风区域划分规则，将有报文的编报中心以编报代码四位字母表征，将未找到的编报中心以中文国名或地区名表征。按照 WMO 区域划分、WMO 细化区域、WMO-TCP 区块划分、范围描述、热带气旋区域中心、热带气旋警报中心、各成员国和地区中心的方式进行整理。表 1.1 中第 6～8 列为编报中心，上述编报中心按照热带气旋区域中心、热带气旋警报中心、各成员国和地区中心划分；其中，中文部分表示该国家或地区存在台风编报，但截至 2023 年底，未找到报文。

表 1.1　有报文的编报中心（编报代码）和未找到的编报中心（中文）的区划分布

<table>
<tr><th rowspan="2">序号</th><th rowspan="2">WMO 区域划分</th><th rowspan="2">WMO 细化区域</th><th rowspan="2">WMO-TCP 区块划分</th><th rowspan="2">范围描述</th><th colspan="3">编报中心</th></tr>
<tr><th>热带气旋区域中心</th><th>热带气旋警报中心</th><th>各成员国和地区编报中心</th></tr>
<tr><td>1</td><td>加勒比海、墨西哥湾、北大西洋和东北太平洋</td><td></td><td>Ⅰ—Ⅱ</td><td>大西洋和东太平洋</td><td>KNHC</td><td></td><td>MUHA、KILM、KCHS、KMHX、KWNH、KNES</td></tr>
<tr><td>2</td><td>北太平洋中部</td><td></td><td>Ⅲ</td><td>太平洋中部</td><td>PHFO</td><td></td><td></td></tr>
<tr><td>3</td><td>西北太平洋和中国南海</td><td></td><td>Ⅳ</td><td>西北太平洋</td><td>RJTD</td><td></td><td>BABJ、VHHH、RCTP、PHNC、PGUM、PGTW、RPMM、RKSL、中国澳门、越南、VTBB、柬埔寨、马来西亚、朝鲜、WSSS</td></tr>
<tr><td>4</td><td>孟加拉湾和阿拉伯海</td><td></td><td>Ⅴ</td><td>北印度洋</td><td>DEMS</td><td></td><td>VGDC</td></tr>
<tr><td>5</td><td>西南印度洋</td><td></td><td>Ⅵ</td><td>西南印度洋</td><td>FMEE</td><td></td><td>FIMP、FMMD</td></tr>
<tr><td rowspan="5">6</td><td rowspan="5">东南印度洋、阿拉弗拉海、卡奔塔利亚湾、珊瑚海、所罗门海和巴布亚湾</td><td rowspan="2">东南印度洋</td><td rowspan="5">Ⅶ—Ⅺ</td><td rowspan="5">西南太平洋和东南印度洋</td><td></td><td>APRF</td><td></td></tr>
<tr><td></td><td>WIIX</td><td></td></tr>
<tr><td>阿拉弗拉海，卡奔塔利亚湾</td><td></td><td>ADRM</td><td></td></tr>
<tr><td>所罗门海和巴布亚湾</td><td></td><td>巴布亚新几内亚</td><td></td></tr>
<tr><td>珊瑚海</td><td></td><td>ABRF</td><td>NWBB</td></tr>
<tr><td>7</td><td>西南太平洋</td><td></td><td rowspan="2">Ⅻ—ⅩⅢ</td><td rowspan="2">南太平洋</td><td>NFFN</td><td></td><td>NSTU</td></tr>
<tr><td>8</td><td>塔斯曼海、塔斯马尼亚湾</td><td></td><td></td><td>NZKL</td><td></td></tr>
</table>

1.2　全球台风报文的传输方式

根据 WMO 的《全球电信系统手册》（编号：WMO-No.386）中描述得知，全球气象报文信息是按照 WMO 规定的传输流程（图 1.2）通过 GTS 系统完成交换和获取的。图 1.2 中 BEIJING（北京）是区域传输 WMO 分节点（RTH），负责向 TOKYO（东京）和 OFFENBACH（奥芬巴赫）两个 RTH 传输其他国家的气象报文，同时也接收来自上述 RTH 的气象报文。而通过图 1.2 可以看出，BEIJING 通过其他 RTH 分节点，进行全球气象信息的相互转发。

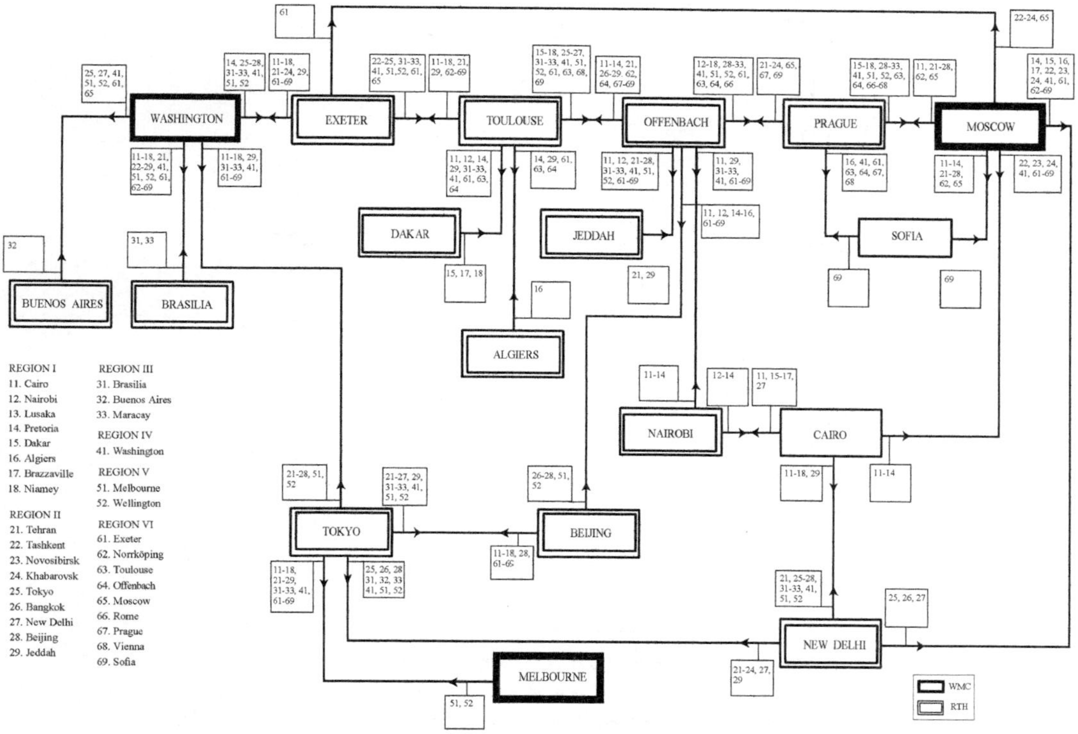

图 1.2　气象信息传输路径①

结合台风报文，信息传输的流程如彩图 1.3 左侧所示。当有热带气旋生成的第一时间，所在海域的各 RSMCs、TCWCs 和 NMHSs 编发预警信息，通过各自的编报中心上传台风报文至编报中心所属的上级 RTH（WMO 分节点）；再由分节点上传至直属 WMC（WMO 主节点），主节点上传至 WMO 台风预警发布平台，主节点在 WMO 平台完成信息汇总，并交换获取到其他主节点海域的报文信息后，再下发给分节点，分节点接到信息后再下发给各编报中心。各编报中心对接收的数据报文进行抽取、解析、入库，并完成持久化存储。但是 WMO 主节点和分节点可能由于一些客观原因，导致台风报文是有选择性的分发，也就是说不是全部信息分发。

上述传输过程存在两个问题：①传输时效性不高。台风报文从编写到接收，经历了“WMO 分节点—主节点—主节点—分节点”多次转发和分发的流程，对于像台风这种过

① WMO-No.386 文件。

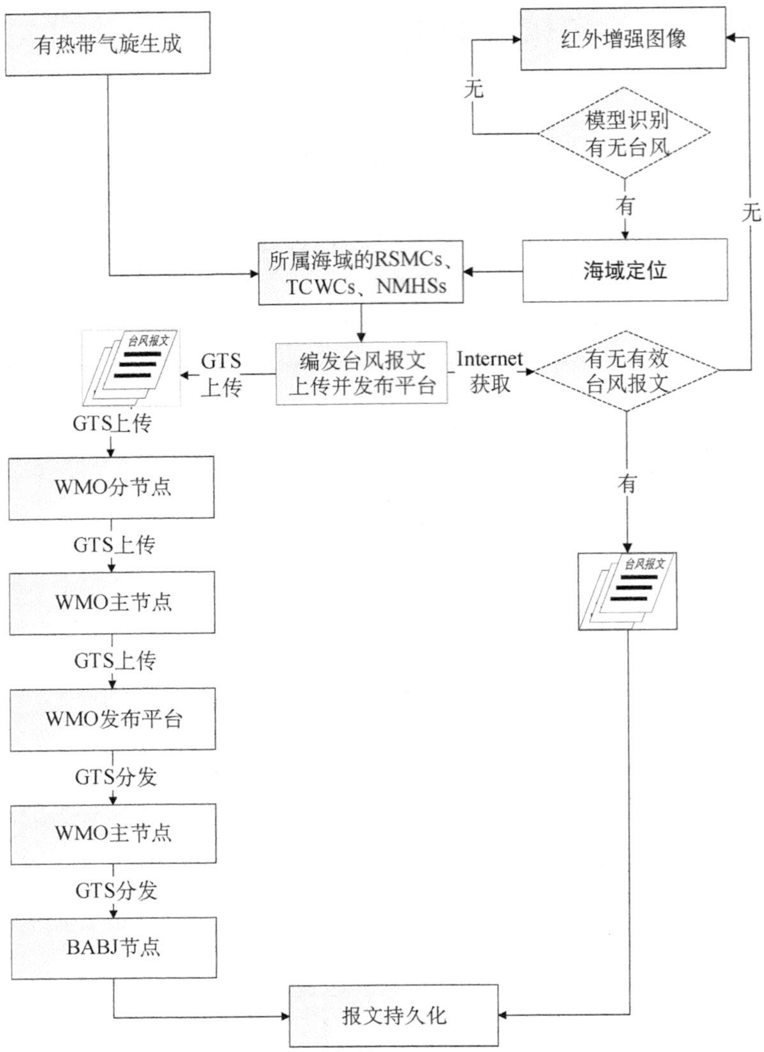

图 1.3　台风报文收集业务现状（蓝色）及改进方案（绿色）（另见彩图）

程变化快的天气现象，需要高时效的运用观测数据进行路径预报，在台风形成并进入 24 小时警戒区域后，需要每 1 小时进行当前时次定位，以及下一时次的定位警报，而往复的传输导致的时间延误，也给台风预测带来了一定影响。②收集资料不全。由于各个主节点和分节点在转发的过程中受到通信带宽的限制，报文是有选择的、有节选的传输，接收的资料不是全集，为了更好地开展全球台风预报及相关研究工作，更需要全面接收台风报文，所以不能仅依赖于主节点和分节点的转发，需要主动获取。彩图 1.3 右侧是改进后的方案，利用卷积神经网络①，对红外图像进行分析，第一时间识别台风生成图像，并判别发生海域，跳过 GTS 传输流程，通过 Internet，抓取编报中心报文内容，进行“点对点”台风信息获取②，从而解决 GTS 传输上的时效性和完整性的两个问题。

① 韩瑞，2021. 基于 CNN 的全球台风报文收集方法及收集系统[P]. CN112509285A.

② 韩瑞，顾春利，李哲，等，2020. 基于 CNN-typhoon 模型的全球台风报文收集方法研究[J]. 计算机科学，47（11A）：11-17.

1.3　全球台风报文的已知类型

在知道台风报文的编报中心和传输流程之后，下一步就要了解传输报文应该有哪些。根据 WMO-No.386 文件，WMO 对传输报文的报头信息做了相关规定，让使用者通过报头就可以判别信息的类别、发生区域、数据文件格式以及编发单位等信息。结合台风及台风相关报文以及各编报中心常用信息，梳理得知：当报文报头（$T_1T_2/T_1T_2A_1$）包含表 1.2 信息时，说明报文内容涉及台风实况与预报信息。

表 1.2　与热带气旋相关的报文类型

数据格式	编报规则	与台风相关的报头 $T_1T_2/T_1T_2A_1$
TAC	有规则/部分有规则	FK（热带气旋咨询报） WC（SIGMET，重要天气报） UZ（FM 37（WMO-No.306），部分自定义）
	无统一规则，各国或地区自定义	AB/AC/AX/FO/FX/TC/TP/TX/WD/WO/WT
XML	FM 205（WMO-No.306）	LK、LY
BUFR	FM 94（WMO-No.306）	JTH、IUD
CREX	FM 95（WMO-No.306）	KTH、KUD

数据格式为 XML、BURF、CREX 时（表 1.2），报文内容的格式是有相应的编码规则的，在 WMO 的《电码手册》（编号：WMO-No.306）中，分别按照 FM 205、FM 94、FM 95 对应给出了报文的编报格式和逐词代码含义；但是数据格式为 TAC 时，由于报文是明码，所以出现了报文由各国或地区自定义的情况，这里分为完全自定义的报文（例如：报头为 AB、AC、AX、FO、FX、TP、TX、WD、WO、WT），以及有规则的报文（例如：报头为 FK、TC、WC），还有部分有规则的报文（例如：报头为 UZ）。

当然，有些数据虽然格式不同，但是内容确实一致，比如 FK 和 LK，数据内容都是 K（K=Tropical cyclone advisories），同样还有 WC（C=Tropical cyclone（“SIGMET”））和 LY（Y=Aviation tropical cyclone warning（“SIGMET”））都是航空中重要天气报的报文，UZ、IUD 和 KUD（D=Dropsonde/Dropwindsondes）都是下投式探空仪资料，只是各个国家或者地区的编报选用格式不一致，而导致不同的编报格式和存储方式。

据此，本书中仅分析 TAC（Traditional Alphanumeric Codes）格式的报文资料。按照有格式（WC、UZ、FK）到自定义的顺序分章节梳理；有格式的报头部分按照 WC、UZ、FK 分章节说明，其余报头的台风报文按照字母顺序，分海域、分国家或地区，根据报文实例分章节进行逐一分析和总结。这里需要说明的是：TC 虽然在 WMO 文件中有固定的文件格式（FM85），定义其主体内容为通过气象卫星云图资料描述的台风或重要天气特征信息，但在实际发报中，存在自定义的情况，故在表 1.2 中将 TC 列入自定义编报规则，放在“T”大类合并分析，不单列一章。

1.4　相关概念

不同国家对台风名称、等级以及风力使用单位不同，为了方便读者了解和使用，现将不同海域热带气旋强度等级和名称进行总结（表 1.3）。

表 1.3 不同海域热带气旋强度等级和名称

风力等级	中心附近最大风速 m/s（米/秒）	中心附近最大风速 km/h（千米/时）	中心附近最大风速 mph（迈）	中心附近最大风速 kt（节）	海域 Ⅰ/Ⅱ/Ⅲ	海域Ⅳ 中国	海域Ⅳ 日本	海域Ⅳ 美国	海域Ⅴ	海域Ⅵ	海域 Ⅶ/Ⅷ/Ⅸ/Ⅹ/Ⅺ	海域Ⅻ/ⅩⅢ
6 级	10.8～13.8	39～49	24～30	22～27	热带低压 Tropical Depression	热带低压 Tropical Depression（TD）			低压 Depression	热带扰动 Tropical Disturbance	热带低压 Tropical Low	热带低压 Tropical Depression
7 级	13.9～17.1	50～62	31～38	28～33					深低压 Deep Depression（DD）	热带低压 Tropical Depression		
8 级	17.2～20.7	63～74	39～46	34～40	热带风暴 Tropical Storm	热带风暴 Tropical Storm（TS）		热带风暴 Tropical Storm（TS）	气旋性风暴 Cyclonic Storm（CS）	中度热带风暴 Moderate Tropical Storm	热带气旋（1 级） Tropical cyclone（1）	热带气旋（1 级） Tropical cyclone（1）
9 级	20.8～24.4	75～87	47～54	41～47								
10 级	24.5～28.4	88～102	55～63	48～55		强热带风暴 Severe Tropical Storm（STS）			强气旋性风暴 Severe Cyclonic Storm（SCS）	强热带风暴 Severe Tropical Storm	热带气旋（2 级） Tropical cyclone（2）	热带气旋（2 级） Tropical cyclone（2）
11 级	28.5～32.6	103～117	64～73	56～63								
12 级	32.7～36.9	118～133	74～83	64～71	1 级飓风 Hurricane Cat 1	台风 Typhoon（TY）	台风 Typhoon（TY）	台风 Typhoon（TY）	特强气旋性风暴 Very Severe Cyclonic Storm（VSCS）	热带气旋 Tropical Cyclone	热带气旋（3 级） Tropical cyclone（3）	强热带气旋（3 级） Severe Tropical Cyclone（3）
13 级	37.0～41.4	134～149	84～93	72～80								
14 级	41.5～42.5	150～153	94～95	81～82		强台风 Severe Typhoon（STY）						
	42.6～43.6	154～157	96～98	83～85	2 级飓风 Hurricane Cat 2							
	43.7～46.1	159～166	99～103	86～89							热带气旋（4 级） Tropical cyclone（4）	强热带气旋（4 级） Severe Tropical Cyclone（4）
15 级	46.2～49.2	167～177	104～110	90～95					极强气旋性风暴 Extremely Severe Cyclonic Storm（ESCS）	强热带气旋 Intense Tropical Cyclone		
	49.3～50.9	178～183	111～114	96～99	3 级飓风 Hurricane Cat 3							
16 级	51.0～56.0	184～200	115～125	100～108		超强台风 Super Typhoon						

续表

风力等级	中心附近最大风速 m/s（米/秒）	中心附近最大风速 km/h（千米/时）	中心附近最大风速 mph（迈）	中心附近最大风速 kt（节）	海域 Ⅰ/Ⅱ/Ⅲ	海域Ⅳ 中国	海域Ⅳ 日本	海域Ⅳ 美国	海域Ⅴ	海域Ⅵ	海域 Ⅶ/Ⅷ/Ⅸ/Ⅹ/Ⅺ	海域Ⅻ/ⅩⅢ
17 级	56.1～56.7	201～204	126～127	109～110	3 级飓风 Hurricane Cat 3	超强台风 Super Typhoon（Super TY）	台风 Typhoon（TY）	台风 Typhoon（TY）	极强气旋性风暴 Extremely Severe Cyclonic Storm（ESCS）	强热带气旋 Intense Tropical Cyclone	热带气旋（5 级）Tropical cyclone（5）	强热带气旋（4 级）Severe Tropical Cyclone（4）
	56.8～58.1	205～208	128～129	111～112								强热带气旋（5 级）Severe Tropical Cyclone（5）
	58.2～59.0	209～212	130～132	113～115	4 级飓风 Hurricane Cat 4							
	59.1～61.2	213～220	133～136	116～118						特强热带气旋 Very Intense Tropical Cyclone		
17 级以上	61.3	221	137	119								
	61.4～66.4	222～239	138～148	120～129					超级气旋性风暴 Super Cyclonic Storm			
	66.5～69.2	240～251	149～156	130～136				超级台风 Super Typhoon（Super TY）				
	≥69.3	≥252	≥157	≥137	5 级飓风 Hurricane Cat 5							

注：①1 迈（英里/时）≈1.6093 千米/时≈0.8690 节≈0.4470 米/秒，1 节（海里/时）≈1.8520 千米/时≈1.1508 迈≈0.5144 米/秒，全书同。

②由于小数点后位数的取舍，造成同一风力等级，不同单位在换算中存在数据偏差。

③海域Ⅰ Ⅱ Ⅲ习惯使用单位为迈，海域Ⅳ中国习惯使用单位为米/秒，日本、美国习惯使用单位为节，其他海域Ⅴ—ⅩⅢ习惯使用单位为节或千米/时。

第 2 章　WC 报文

报头 T_1T_2=“WC”的报文，是航空方面描述台风的重要资料。同时，WC 作为航空气象重要天气报（SIGMET）中的一种类型，是有统一格式的。所以，查看不同国家的 WC 类报文，只要知道报文规则，就可以完成解析。首先了解 SIGMET 报文的结构（图 2.1），在“2.2 报文解析”中，通过报文实例 2.2.1～2.2.4，逐词对应拆分报文含义。

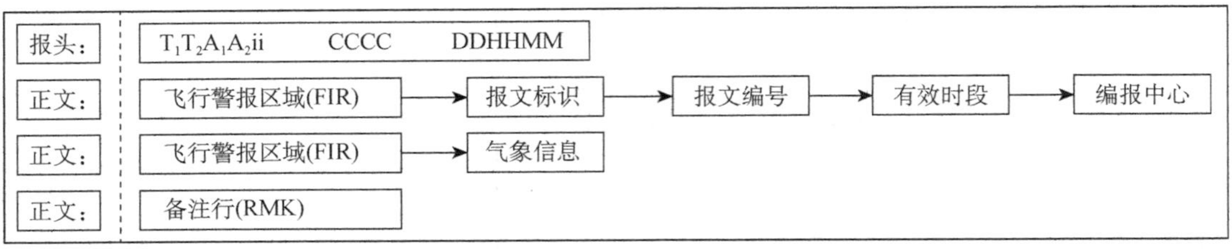

图 2.1　SIGMET 报文结构

2.1　报文结构

“报头”主要作用就是告知报文类型（T_1T_2）、涉及国家或地区（A_1A_2）、编报中心（CCCC），以及发报时间（DDHHMM）。这里的 T_1T_2=“WC”，热带气旋警报。

正文部分第 1 段主要是概述本次警报的区域、报文编号、报文有效时段以及编报中心。

其中：本段“飞行警报区域 FIR（Flight Information Region）”使用的缩写，是根据各个国家或者地区的飞行警报区域划分进行定义和标识。

“报文标识”：在本类型报文中仅为“SIGMET”。

“报文编号”：包括两种表示方法，第一种直接用数字表示，同一过程的报文，数字递增，例如：1、2、3 等；第二种是采用 1 个字母加 2 个数字，同一过程的报文，字母部分不变，仅为数字递增，例如：C01、C02、C03 等。

“有效时段”：格式为 DDHHMM/DDHHMM，其中 DD 为每月的日期，HHMM 为小时和分钟的时间，这里时间均采用世界时（UTC）。热带气旋的有效时段间隔不能超过 6 小时。

“编报中心”：这里指的是国际民航组织（ICAO）对各国或地区的定位标识。

正文部分第 2 段主要是描述本次警报的区域，气象信息。

本行的“飞行警报区域 FIR（Flight Information Region）”将使用“缩写+全称”表示，其中缩写是根据各个国家或者地区的飞行警报区域划分进行定义和标识。

“气象信息”部分需要包含：天气现象类型、观测或预测天气现象、天气现象的位置（水平和垂直范围）、移动或预期移动、强度变化趋势。在描述水平范围是中心点的坐标不再重复；在描述垂直范围时，单位名称用英尺（FT）表示，在低于 10000 英尺[①]时，直接给出数值，例如：9000 英尺，在高于 10000 英尺时，则用飞行高度层（FL）表示，例如：FL120。当一个天气过程跨越两个或者多个飞行警报区域 FIR 时，各飞行警报区域分别编发报文内容，各自独立的报文编号；但在相同有效时段，描述同一天气过程时，给出天气过程的水平范围描述将是相同的（图 2.2）。

WCAU01 APRF 200704 **YMMM** SIGMET **W01** VALID 200710/201310 YPRF - **YMMM** MELBOURNE FIR TC VERONICA PSN S1524 E11824 CB OBS **AT 0600Z WI** **90NM OF TC CENTRE** TOP FL600 MOV WSW 08KT INTSF=	WCAU01 APRF 200704 **YBBB** SIGMET **V03** VALID 200710/201310 YPRF - **YBBB** BRISBANE FIR TC VERONICA PSN S1524 E11824 CB OBS **AT 0600Z WI** **90NM OF TC CENTRE** TOP FL600 MOV WSW 08KT INTSF=

图 2.2 不同飞行警报区域对同一过程的描述

“取消 SIGMET”的报文编发规则：如果在一个 SIGMET 报文的有效期内，该天气过程不再发生或不再预测，则通过发布一个以缩写“CNL”代替报文结构中“气象信息”部分来取消该报文。

正文部分最后 1 段是备注行，一般用“RMK”或者“remarks”表示，可以编发也可以不编发备注行。备注行对于热带气旋 WC 报文，包括以下信息：位置指示符，它提供了对上述警报内容的快速参考；或者是对本次或者下次警报内容的提示等。

2.2 报文解析

2.2.1 报文实例 1：澳大利亚 ADRM、APRF、ABRF

第 1 行内容：WCAU01 APRF 200704

第 1 行序号：01 02 03 04

第 2 行内容：YMMM SIGMET W01 VALID 200710/201310 YPRF –

第 2 行序号：05 06 07 08 09

第 3 行内容：YMMM MELBOURNE FIR TC VERONICA PSN S1524 E11824 CB OBS AT 0600Z WI

第 3 行序号：10 11 12 13 14 15 16

第 4 行内容：90NM OF TC CENTRE TOP FL600 MOV WSW 08KT INTSF=

第 4 行序号：16 17 18 19 20 21

① 1 英尺≈0.3048 米，全书同。

报文实例 1 解析内容（见表 2.1）：

第 1 行是报文的报头，表明了报文的类型“WC”，同时说明了报文的描述区域“AU”（澳大利亚），以及编报中心“APRF”（珀斯编报中心）。

第 2 行到第 4 行的结构就如同图 2.1 所示，属于重要天气报 SIGMET 的报文结构，可以直接套用。第 2 行主要简述了飞行警报区域、报文编号、有效时段和编报中心；具体内容是：本次报文主要涉及的警报区域 YMMM，报文标志为“SIGMET”，报文编号是“W01”，本次报文有效时段为 20 日 07 时 10 分至 13 时 10 分（UTC），编报中心为“YPRF”。

第 3～4 行是报文的实质内容。飞行警报区域“YMMM MELBOURNE FIR”范围内可见热带气旋（台风名称“TC VERONICA”），在 06 时（UTC）观测到，台风中心位置（“PSN”）是“S1524 E11824”，其水平范围是以台风中心的 90 海里内“WI 90NM”，垂直范围是飞行高度层 60000 英尺“FL600”，移动“MOV”方向是西南西“WSW”，移动速度是 8 节“8KT”，目前强度正在增强“INTSF”。报文内容结束“=”。

表 2.1　报文实例 1 逐词解析

序号	要素含义
01	简式报头中的 TT；WC 表示：重要天气报中的台风警告信息
02	简式报头中的 AA；AU 表示：报文涉及澳大利亚
03	编报中心代码；APRF 表示：TCWC APRF 热带气旋警报中心
04	编报日期时间 DDHHMM（UTC）；表示 20 日 07 时 04 分
05	飞行警报区域缩写代码；这里是 YMMM，澳大利亚划分 2 个飞行警报区域，另一个为 YBBB
06	信息标识符，WC 报文这个位置都是 SIGMET
07	序号，W01 表示：这次过程的第 1 份报文
08	有效时段 DDHHMM/DDHHMM，表示 20 日 07 时 10 分至 13 时 10 分
09	发报的编报中心，YPRF（珀斯编报中心）
10	飞行警报区域缩写+全称
11	天气现象概述，台风 TC 及台风名：TC VERONICA
12	台风中心位置经纬度，南纬 15 度 24 分，东经 118 度 24 分
13	天气现象描述，CB 云
14	观测标识，表示观测到的天气情况；若这处标为“FCST”则是预报
15	观测时间，表示 06 时（UTC），其中“Z”表示时间已经折算成世界时
16	观测现象的水平范围，这里表示 90 海里[①]范围内
17	观测现象的垂直范围，飞行高度层 60000 英尺
18	移动的标识符
19	移向和移速，以 8 节的速度向西南西方向移动

① 1 海里≈1.8520 千米，全书同。

续表

序号	要素含义
20	强度变化，INTSF 表示强度正在增强
21	“=”报文结束符

2.2.2　报文实例 2：澳大利亚 YMMC

第 1 行内容：WCAU01 YMMC 011256

第 1 行序号：01 02　03　04

第 2 行内容：YBBB SIGMET O03 VALID 011318/011918 YMMC-

第 2 行序号：05　06　07　08　09

第 3 行内容：YBBB BRISBANE FIR TC SETH PSN S2206 E15818 CB OBS AT 1200Z WI 150NM

第 3 行序号：10　11　12　13　14　15

第 4 行内容：OF TC CENTRE TOP FL600 MOV ESE 11KT WKN

第 4 行序号：16　17　18

第 5 行内容：RMK: BN=

第 5 行序号：19　20 21

报文实例 2 解析内容（见表 2.2）：

第 1 行是报文的报头，表明了报文的类型“WC”，同时说明了报文的描述区域“AU”（澳大利亚），以及编报中心“YMMC”（墨尔本航空气象中心）。

第 2 行简述了预警区域、报文编号、有效时段和编报中心。具体内容是：本次报文主要涉及的警报区域 YBBB，报文标志为“SIGMET”，报文编号是“O03”，本次报文有效时段为 01 日 13 时 18 分至 19 时 18 分（UTC），编报中心为“YMMC”。

第 3～4 行是报文的实质内容。飞行警报区域“YBBB BRISBANE FIR”范围内可见热带气旋（台风名称“TC SETH”），台风中心位置（“PSN”）是“S2206 E15818”，在 12 时（UTC）观测到，水平范围是以台风中心的 150 海里内“WI 150NM”，垂直范围是观测高度飞行高度为 60000 英尺“FL600”，移动“MOV”方向是东南东“ESE”，移动速度是 11 节“11KT”，目前强度减弱“WKN”。

第 5 行是需要备注的内容。位置指示符“BN”，报文内容结束“=”。

表 2.2　报文实例 2 逐词解析

序号	要素含义
01	简式报头中的 TT；WC 表示：重要天气报中的台风警告信息
02	简式报头中的 AA；AU 表示：报文涉及澳大利亚
03	编报中心代码；YMMC 表示：墨尔本航空气象中心 Aviation Weather Centre Melbourne
04	编报日期时间 DDHHMM（UTC）；表示 01 日 12 时 56 分
05	飞行警报区域缩写代码；这里是 YBBB
06	信息标识符，WC 报文这个位置都是 SIGMET

续表

序号	要素含义
07	序号，O03 表示：这次过程的第 3 份报文
08	有效时段 DDHHMM/DDHHMM，表示 01 日 13 时 18 分至 19 时 18 分
09	发报的编报中心，YMMC（墨尔本航空气象中心 Aviation Weather Centre Melbourne）
10	飞行警报区域缩写+全称
11	天气现象概述，台风 TC 及台风名：TC SETH
12	台风中心位置经纬度，南纬 22 度 06 分，东经 158 度 18 分
13	观测标识，表示观测到的天气情况；若这处标为“FCST”则是预报
14	观测时间，表示 12 时（UTC），其中“Z”表示时间已经折算成世界时
15	观测现象的水平范围，这里表示 150 海里范围内
16	观测现象的垂直范围，飞行高度层 60000 英尺
17	移动的标识符，移向和移速，以 11 节的速度向东南东方向移动
18	强度变化，WKN 表示强度在减弱
19	备注行标识
20	位置标识符，BN 表示 YBBB 飞行区域南纬 30 度以上的范围
21	“=”报文结束符

2.2.3 报文实例 3：斐济 NFFN

第 1 行内容：WCFJ01 NFFN 181800

第 1 行序号： 01 02 03 04

第 2 行内容：NFFF SIGMET 19 VALID 181915/190115 NFFN-

第 2 行序号： 05 06 07 08 09

第 3 行内容：NFFF NADI FIR TC IRENE PSN S1918 E16806 CB OBS AT 1800Z WI 140NM OF

第 3 行序号： 10 11 12 13 14 15

第 4 行内容：TC CENTRE TOP FL540 MOV ESE 28KT NC=

第 4 行序号： 16 17 18 19

报文实例 3 解析内容（见表 2.3）：

第 1 行告知报文的报头，表明了报文的类型“WC”，同时说明了报文的描述区域“FJ”（斐济），以及编报中心“NFFN”。

第 2 行简述了本次报文涉及的警报区域 NFFF，报文标志为“SIGMET”，报文编号是“19”，本次报文有效时段为 18 日 19 时 15 分至 19 日 01 时 15 分（UTC），编报中心为“NFFN”。

第 3～4 行介绍了本次飞行警报区域“NFFF NADI FIR”范围内可见热带气旋（台风名称“TC IRENE”），台风中心位置（“PSN”）是“S1918 E16806”，在 18 时（UTC）观测到，水平范围是以台风中心的 140 海里内“WI 140NM”，垂直范围是观测高度飞行高度为

54000 英尺“FL540”，移动“MOV”方向是东南东“ESE”，移动速度时 28 节“28KT”，目前强度无变化“NC”，本次报文结束“=”。

表 2.3 报文实例 3 逐词解析

序号	要素含义
01	简式报头中的 TT；WC 表示：重要天气报中的台风警告信息
02	简式报头中的 AA；FJ 表示：报文涉及斐济
03	编报中心代码；NFFN 表示：RSMC NFFN 热带气旋区域中心
04	编报日期时间 DDHHMM（UTC）；表示 18 日 18 时 00 分
05	飞行警报区域缩写代码；这里表示 NFFF，Nadi FIR 警报区域
06	信息标识符，WC 报文这个位置都是 SIGMET
07	序号，19 表示：这次过程的第 19 份报文
08	有效时段 DDHHMM/DDHHMM，表示 18 日 19 时 15 分至 19 日 01 时 15 分
09	发报的编报中心，NFFN（热带气旋区域中心）
10	飞行警报区域缩写+全称
11	天气现象概述，台风 TC 及台风名：TC SETH
12	台风中心位置经纬度，南纬 19 度 18 分，东经 168 度 06 分
13	观测标识，表示观测到的天气情况；若这处标为“FCST”则是预报
14	观测时间，表示 18 时（UTC），其中“Z”表示时间已经折算成世界时
15	观测现象的水平范围，这里表示 140 海里范围内
16	观测现象的垂直范围，飞行高度层 54000 英尺
17	移动的标识符，移向和移速，以 28 节的速度向东南东方向移动
18	强度变化，NC 表示强度无变化
19	“=”报文结束符

2.2.4 报文实例 4：中国台湾 RCTP

第 1 行内容：WCCI31 RCTP 060041

第 1 行序号： 01 02 03 04

第 2 行内容：RCAA SIGMET 1 VALID 060100/060500 RCTP-

第 2 行序号： 05 06 07 08 09

第 3 行内容：RCAA TAIPEI FIR TC KOINU PSN N2148 E11748 CB OBS AT 0000Z WI 95NM

第 3 行序号： 10 11 12 13 14 15

第 4 行内容：OF TC CENTRE TOP FL450 WKN FCST AT 0600Z TC CENTRE PSN N2148

第 4 行序号： 16 17 18 19 20

第 5 行内容：E11712=

第 5 行序号： 20 21

报文实例 4 解析内容（见表 2.4）：

第 1 行告知报文的报头，表明了报文的类型“WC”，同时说明了报文的描述区域“CI”（中国），以及编报中心“RCTP”。

第 2 行简述了本次报文涉及的警报区域 RCAA，报文标志为“SIGMET”，报文编号是“1”，本次报文有效时段为 06 日 01 时 00 分至 06 日 05 时 00 分（UTC），编报中心为“RCTP”。

第 3～5 行介绍了本次飞行警报区域全称“RCAA TAIPEI FIR”范围内可见热带气旋（台风名称“TC KOINU”），台风中心位置（“PSN”）是“N2148 E11748”，在 00 时（UTC）观测到，水平范围是以台风中心的 95 海里内“WI 95NM”，垂直范围是观测高度飞行高度为 45000 英尺“FL450”，目前强度减弱“WKN”，预报在 06 时（UTC），台风中心将移动至“N2148 E11712”的位置，本次报文结束“=”。

表 2.4 报文实例 4 逐词解析

序号	要素含义
01	简式报头中的 TT；WC 表示：重要天气报中的台风警告信息
02	简式报头中的 AA；CI 表示：报文涉及中国
03	编报中心代码；RCTP 表示：中国台湾 RCTP 编报中心
04	编报日期时间 DDHHMM（UTC）；表示 06 日 00 时 41 分
05	飞行警报区域缩写代码；这里表示 RCAA，RCAA TAIPEI FIR 警报区域
06	信息标识符，WC 报文这个位置都是 SIGMET
07	序号，1 表示：这次过程的第 1 份报文
08	有效时段 DDHHMM/DDHHMM，表示 06 日 01 时 00 分至 06 日 05 时 00 分
09	发报的编报中心，中国台湾 RCTP 编报中心
10	飞行警报区域缩写+全称
11	天气现象概述，台风 TC 及台风名：TC KOINU
12	台风中心位置经纬度，北纬 21 度 48 分，东经 117 度 48 分
13	观测标识，表示观测到的天气情况；若这处标为“FCST”则是预报
14	观测时间，表示 00 时（UTC），其中“Z”表示时间已经折算成世界时
15	观测现象的水平范围，这里表示 95 海里范围内
16	观测现象的垂直范围，飞行高度层 45000 英尺
17	强度变化，WKN 表示强度在减弱
18	预报标识
19	预报时效
20	预报中心位置，北纬 21 度 48 分，东经 117 度 12 分
21	“=”报文结束符

2.3　SIGMET 词汇含义

通过对大量已知报文的整理，目前总结了涉及热带气旋 SIGMET 报中的高频使用词汇，现将相关词汇的缩写、全称，以及表示意义梳理成表 2.5，用于补充报文实例中没有介绍的内容。

表 2.5　SIGMET 缩写及意义

缩写	全称	意义
BLW	Below	在……之下
CLD	Cloud	云
CNL	Cancel	报文编报取消标志
DS	Dust storm	尘暴
E	East or eastern longitude	东经……度以东
EMBD	Embedded	隐藏
EMBD TS	Embedded thunderstorms	指隐嵌在云层中，不易辨出的雷暴
EXTD	Extends	延长
FCST	Forecast	预报
FIR	Flight information region	飞行情报区域
FL	Flight level	飞行高度层
FRQ	Frequent	成片的，若 FRQ 后跟着天气现象，则表明该种天气现象覆盖率大于 75%
FRQ TS	Frequent thunderstorms	一般指雷暴影响区域大于 75%
FT	Feet	英尺
FZRA	Freezing rain	冻雨
GR	Hail	冰雹
HVY	Heavy	强的
HVY DS	Heavy duststorm	强尘暴
HVY SS	Heavy sandstorm	强沙暴
ICE	Icing	结冰
INTSF	Intensifying	强度增强
ISOL	Isolated	孤立的，若 ISOL 后跟着天气现象，则表明该种天气现象覆盖率小于 50%
KT	Knots	节（海里/时）
LOC	Location	局地
MOV	Moving	移动中
MT	Mount	山地
MTW	Mountain Wave	地形波

续表

缩写	全称	意义
N	North or northern latitude	北纬……度以北
NC	No Change (in intensity)	强度无变化
NM	Nautical Miles	海里
OCNL	Occasional	分离的，若 OCNL 后跟着天气现象，则表明该种天气现象覆盖率在 50%～75%
OBS	Observed	观测
OBSC	Obscured	模糊不清的
OBSC TS	Obscured thunderstorms	指为霾或烟所遮掩或由于黑暗不易看见的雷暴
PSN	Position	位置
RDOACT CLD	Radioactive cloud	放射性云
S	South or southern latitude	南纬……度以南
SEV	Severe	严重的
SEV TURB	Severe turbulence	严重的颠簸
SEV ICE	Severe icing	严重的积冰
SEV ICE (FZRA)	Severe icing due to freezing rain	由于冻雨引起的严重的积冰
SEV MTW	Severe mountain wave	严重的地形波
SFC	Surface	地面
SQL	Squall line	飑线
SQL TS	Squall line thunderstorms	指大于 100 海里或者更长排列成线的雷暴，在孤立的云块之间，很少或没有空隙
SS	Sand storm	沙暴
STNR	Stationary	静止
TC	Tropical cyclone	热带气旋
TOP	Top (of cloud)	云顶
TS	Thunderstorm	雷暴
TURB	Turbulence	湍流、颠簸
VA	Volcanic ash	火山灰
W	West or western longitude	西经……度以西
WI	Within (area)	区域范围内
WKN	Weakening (intensity)	强度减弱
Z	Code for UTC (Universal Time Coordinated)	世界时

第 3 章　UZ 报文

报头 T_1T_2= “UZ”（下投式探空仪）的报文，是下投式探空仪资料，通过将监测仪器投放在台风眼附近，用于跟踪监测台风并取得相关数据，根据 WMO-No.306 文件内容，UZ 的文件格式主体为探空资料，遵守 FM 37 格式。在描述台风部分，FM 37 给 UZ 留有了自定义段，所以作为探空类报文是有统一格式的，但也有自定义段。

下面根据 WMO 文件，先了解报文结构和字段含义，之后通过报文实例，逐词对应拆分报文含义。最后再将字段相关扩展信息附后。自定义段解析的内容目前适用于美国（KNHC、KBIX、KWBC、PGUA）、英国（EGRR）、法国（LFPW）、德国（EDZW）日本（RJTD）、韩国（RKSL）、中国香港（VHHH），以及中国台湾（RCTP）等国家或地区编报中心的报文。

3.1　报文结构

首先了解一下 UZ 报文的结构（图 3.1）。主要分报头和正文共计 4 段。其中 1 段和 2 段记录 100 百帕之下的探空数据，3 段和 4 段仅记录 100 百帕以上的内容信息。由于是下投式资料，所以 100 百帕以上的 UZ 报文极为少见。

“报头”主要作用就是告知报文类型（T_1T_2）、涉及国家或地区（A_1A_2）、编报中心（CCCC），以及发报时间（DDHHMM）。这里的 T_1T_2= “UZ”，下投式探空仪资料。

正文 1 段第 1 节：主要是概述本次观测的时间、方位以及经纬度坐标。其中，XXAA 表示下投式探空仪 A 部，正文 2～4 段第 1 节的 XXBB 表示下投式探空仪 B 部，XXCC 表示下投式探空仪 C 部，XXDD 表示下投式探空仪 D 部。

正文 1 段第 2 节至第 4 节：将观测到的地面气压 $P_0P_0P_0$、气温 $T_0T_0T_{a0}$、露点差 D_0D_0、风向风速 $d_0d_0f_0f_0f_0$，以及不同 n_nn_n 等压面 P_nP_n 的位势高度 $h_nh_nh_n$、气温 $T_nT_nT_{an}$、露点差 D_nD_n、风向风速 $d_nd_nf_nf_nf_n$，是否观测对流层顶，以及观测最大风向风速等数据信息进行记录。正文 2 段第 2～3 节，正文 3 段第 2～4 节，正文 4 段第 2～3 节，涉及字段含义相同。其中需要注意的是 $d_nd_nf_nf_nf_n$，d_nd_n 是风向的百位和十位，$f_nf_nf_n$ 中的第 1 位是风速的百位和风向的个位之和，这里风向个位都是 0 或者 5 的；例如：若 $d_nd_nf_nf_nf_n$=29565，则风向是 295 度，风速是 65 节，若 $d_nd_nf_nf_nf_n$=29665，则风向是 295 度，风速是 165 节。

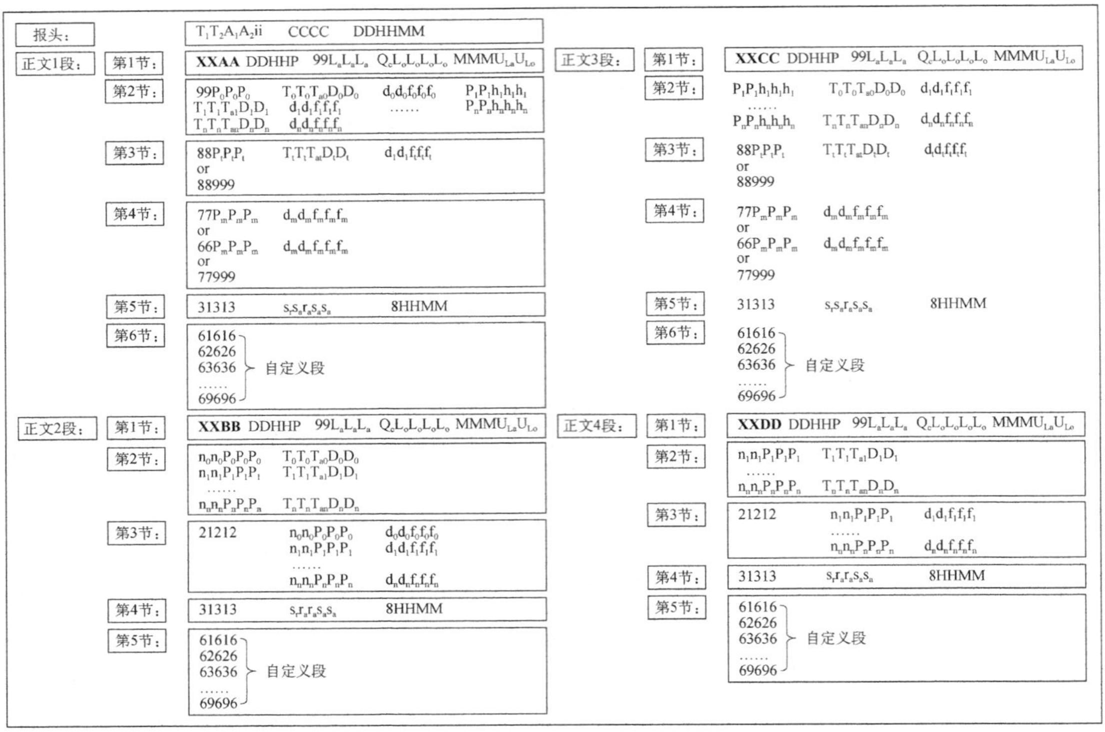

图 3.1 UZ 报文结构

正文 1 段第 5 节：31313 是固定字段，表示海面温度和测深系统，根据 WMO No.306 文件的 Code 部分，$s_rr_ar_as_as_a$ 是固定字段，分别为：s_r 表示使用的设备是否完成校正、r_ar_a 表示下投式探空仪、s_as_a 表示自动卫星导航，HHMM 代表观测的时间。正文 2 段第 4 节、正文 3 段第 5 节、正文 4 段第 4 节，涉及字段含义相同。

正文 1 段第 6 节：是各个国家的自定义段，用于描述下投式探空仪观测台风的飞行任务信息的参数、观测的当地时间、台风等级、抛投和落海的位置、敏感区位势高度、风向风速等信息。每段信息用 61616，62626，63636，…，69696 区分，注意这里不能使用 66666。正文 2 段第 5 节、正文 3 段第 6 节、正文 4 段第 5 节，涉及字段含义相同。

3.2 报文解析

3.2.1 报文实例（见表 3.1）

表 3.1 报文实例

名称	报文内容
报头	UZPN13 KNHC 072148
正文 1 段 第 1～4 节	XXAA 57217 99247 71527 08842 99001 24813 08044 00005 24813 ///// 92687 20601 10074 85417 17402 12579 70063 08603 13060 88999 77999

续表

名称	报文内容
正文 1 段 第 5 节	31313 09608 82113
正文 1 段 第 6 节	61616 AF301 WXWXE 180907150601301　　OB 09
	62626 MXWNDBND MBL WND 09061 AEV 33652 DLM WND 11567 000697 WL150
	09053 080 REL 2465N15269W 211333 SPG 2470N15279W 211848 =
正文 2 段 第 1～2 节	XXBB 57218 99247 71527 08842 00001 24813 11850 17402 22710 11403
	33697 07803
正文 2 段 第 3 节	21212 00001 08044 11999 08044 22993 09057 33986 09553 44977 09063
	55955 09062 66949 09071 77944 10071 88939 10064 99927 10075 11914
	10568 22903 11078 33891 10581 44884 11081 55879 12074 66863 12080
	77850 12579 88697 13057
正文 2 段 第 4 节	31313 09608 82113
正文 2 段 第 5 节	61616 AF301 WXWXE 180907150601301　　OB 09
	62626 MXWNDBND MBL WND 09061 AEV 33652 DLM WND 11567 000697 WL150
	09053 080 REL 2465N15269W 211333 SPG 2470N15279W 211848 =

3.2.2　报头部分

内容：UZPN13 KNHC 072148

序号：01 02　　03　　04

逐词解析见表 3.2。

表 3.2　报文实例逐词解析

序号	要素含义
01	固定字段，资料代号，UZ=下投式探空仪资料
02	固定字段，地区代码，PN=北太平洋，还有一个 NT=北大西洋
03	固定字段，编报中心代码，CCCC=KNHC，RSMC KNHC 热带气旋区域中心
04	072148=DDHHMM，07 日的 21 时 48 分。

3.2.3　正文 1 段第 1～4 节部分

内容：XXAA 57217　99247 71527　08842　　99001 24813 08044 00005 24813　/////

序号：01 02　030405　06 07 08 09　101112　　13 14　15 16 17 18 19 20　21 22 2324

逐词解析见表 3.3。

表 3.3 报文实例逐词解析

序号	要素含义
01	表示应用飞机或航空器作为观测手段
02	表示下投式资料的 A 部分
03	表示观测日期是 07 日，数据大于 50；表示数据单位用“节”
04	表示观测时间是 21 时（UTC）
05	表示最高观测气压层，“7”就等于 700 百帕
06	99 固定字段，表示下投式探空仪的投放位置标志字段
07	LLL 纬度
08	Q 四分象限（1（N，E），3（S，E），5（S，W），7（N，W））
09	LLLL 经度
10	MMM，马士顿方格号
11	表示纬度的个位数，例如纬度 24.7 度的个位数是 4
12	表示经度的个位数，例如经度 152.7 度的个位数是 2
13	99 固定字段，表示地面数据的标志字段
14	表示地面气压，这里表示 1001 百帕
15	表示地面温度，这里表示 24.8 摄氏度
16	表示温度露点差，这里表示 1.3 摄氏度
17	表示风向
18	表示风速（单位：节）
19	表示 1000 百帕标准等压面
20	表示标准等压面的位势高度，这里表示 5 位势米
21	表示地面温度，这里表示 24.8 摄氏度
22	表示温度露点差，这里表示 1.3 摄氏度
23	表示风向
24	表示风速（单位：节）

内容：92687 20601 10074 85417 17402 12579 70063 08603 13060 88999 77999

序号：01 02 03 04 05 06 07 08 09 10 11 12 13 14 15 16 17 18 19 20

逐词解析见表 3.4。

表 3.4 报文实例逐词解析

序号	要素含义
01	表示 925 百帕标准等压面

续表

序号	要素含义
02	表示标准等压面的位势高度，这里是 687 位势米
03	表示地面温度，这里是 20.6 摄氏度
04	表示温度露点差，这里是 0.1 摄氏度
05	表示风向
06	表示风速（单位：节）
07	表示 850 百帕标准等压面
08	表示标准等压面的位势高度，这里表示 417+1000=1417 位势米
09	表示地面温度，这里表示 17.4 摄氏度
10	表示温度露点差，这里表示 0.2 摄氏度
11	表示风向
12	表示风速（单位：节）
13	固定字段，表示 700 百帕标准等压面
14	表示标准等压面的位势高度，这里表示 63+3000=3063 位势米
15	表示地面温度，这里表示 8.6 摄氏度
16	表示温度露点差，这里表示 0.3 摄氏度
17	表示风向，这里表示 130 度
18	表示风速（单位：节），这里表示 60 节
19	未观测对流层顶
20	未观测最大风向风速

3.2.4　正文 1 段第 5 节部分

内容：31313 09608　82113

序号：　01　020304　0506

逐词解析见表 3.5。

表 3.5　报文实例逐词解析

序号	要素含义
01	固定字段，表示测深系统的识别参数
02	固定字段，表示使用的设备是否完成校正，0 表示无校正。
03	固定字段，表示下投式探空仪
04	固定字段，表示自动卫星导航
05	表示观测的时次（UTC），这里表示 21 时
06	表示观测的分钟（UTC），这里表示 13 分

3.2.5 正文1段第6节部分

内容：61616 AF301 WXWXE 180907150601301 OB 09

序号： 01 02 03 04 05 06 07

逐词解析见表3.6。

表3.6 报文实例逐词解析

序号	要素含义
01	固定字段，表示飞行任务信息的识别参数
02	固定字段，表示飞机编号
03	固定字段，表示飞行作业编号
04	固定字段，表示飞行位置
05	这里是观测的当地时间，表明这时的还是热带低压，还没有升级到有台风名的强度；即如果该台风已经命名，则写台风名
06	固定字段，表示观测
07	固定字段，表示观测编号

内容：62626 MXWNDBND MBL WND 09061 AEV 33652 DLM WND 11567 000697 WL150

序号： 01 02 03 04 05 06 07 08 09 10 11

内容：09053 080 REL 2465N15269W 211333 SPG 2470N15279W 211848 =

序号：12 13 14 15 16 17 18 19 20 21 22 23

逐词解析见表3.7。

表3.7 报文实例逐词解析

序号	要素含义
01	固定字段，表示下投式数据信息的识别参数
02	固定字段，表示0～500米高度层
03	0～500米高度层的平均风向，这里表示90度
04	0～500米高度层的平均风速，这里表示61×0.5144×0.8≈25.1米/秒
05	固定字段，表示AEV的版本号
06	AEV的版本号，这里表示V3.3-652版
07	固定字段，表示敏感区（深层平均引导气流DLM）
08	敏感区风向，这里表示风向为115度
09	敏感区风速，这里表示风速67×0.5144≈34.5米/秒
10	敏感区气压区间，这里表示697～1000百帕
11	固定字段，表示0～150米高度层
12	0～150米高度层的平均风向，表示风向90度
13	0～150米高度层的平均风速，表示风速53×0.5144÷1.229≈22.2米/秒

续表

序号	要素含义
14	0～150 米高度层平均风的高度，表示高度 80 米
15	固定字段，表示抛投位置和时间
16	抛投位置的纬度，表示北纬 24.65 度
17	抛投位置的经度，表示西经 152.69 度
18	抛投位置的时间，表示抛投时间 21 时 13 分 33 秒
19	固定字段，表示落海位置和时间
20	落海位置的纬度，表示北纬 24.70 度
21	落海位置的经度，表示西经 152.79 度
22	落海位置的时间，表示抛投时间 21 时 18 分 48 秒
23	“=” 报文结束符

3.2.6 正文 2 段第 1～2 节部分

内容：XXBB　57218 99247 71527 08842 00001 24813 11850 17402 22710 11403

序号：0102　　030405 06 07 08 09 101112 13 14 15 16　17 18 19 20 21 22　23 24

内容：33697 07803

序号：25 26 27 28

逐词解析见表 3.8。

表 3.8　报文实例逐词解析

序号	要素含义
01	表示应用飞机或航空器作为观测手段
02	表示下投式资料的 B 部分
03	表示观测日期是 07 日，数据大于 50；表示数据单位用“节”
04	表示观测时间是 21 时（UTC）
05	表示最高观测气压层，“8”就等于 800 百帕
06	99 固定字段，表示下投式探空仪的投放位置标志字段
07	LLL 纬度
08	Q 四分象限（1，3，5，7）
09	LLLL 经度
10	MMM，马士顿方格号
11	表示纬度的个位数，例如纬度 24.7 度的个位数是 4
12	表示经度的个位数，例如经度 152.7 度的个位数是 2
13	00 固定字段，表示地面数据的标志字段

续表

序号	要素含义
14	表示地面气压，这里表示 1001 百帕
15	表示地面温度，这里表示 24.8 摄氏度
16	表示温度露点差，这里表示 1.3 摄氏度
17	11 固定字段，表示气压层的标志字段
18	表示气压，这里表示 850 百帕
19	表示地面温度，这里表示 17.4 摄氏度
20	表示温度露点差，这里表示 0.2 摄氏度
21	22 固定字段，表示气压层的标志字段
22	表示气压，这里表示 710 百帕
23	表示地面温度，这里表示 11.4 摄氏度
24	表示温度露点差，这里表示 0.3 摄氏度
25	33 固定字段，表示气压层的标志字段
26	表示气压，这里表示 697 百帕
27	表示地面温度，这里表示 7.8 摄氏度
28	表示温度露点差，这里表示 0.3 摄氏度

3.2.7 正文 2 段第 3 节部分

内容：21212 00001 08044 11999 08044 22993 09057 33986 09553 44977 09063

序号： 01 02 03 04 05 06 07 08 09 10 11 12 13 14 15 16 17 18 19 20 21

内容：55955 09062 66949 09071 77944 10071 88939 10064 99927 10075 11914

序号：22 23 24 25 26 27 28 29 30 31 32 33 34 35 36 37 38 39 40 41 42 43

内容：10568 22903 11078 33891 10581 44884 11081 55879 12074 66863 12080

序号：44 45 46 47 48 49 50 51 52 53 54 55 56 57 58 59 60 61 62 63 64 65

内容：77850 12579 88697 13057

序号：66 67 68 69 70 71 72 73

逐词解析见表 3.9。

表 3.9 报文实例逐词解析

序号	要素含义
01	固定字段，表示不同高度层风的识别参数
02	00 固定字段，表示地面气压数据的标志字段
03	表示地面气压，这里表示 1001 百帕
04	表示风向，80 度
05	表示风速（单位：节），这里表示 44 节

续表

序号	要素含义
06	11 固定字段，表示气压数据的标志字段
07	表示气压 999 百帕
08	表示风向，这里表示 80 度
09	表示风速（单位：节），这里表示 44 节
10	22 固定字段，表示气压数据的标志字段
11	表示气压，这里表示 993 百帕
12	表示风向，这里表示 90 度
13	表示风速（单位：节），这里表示 57 节
14	33 固定字段，表示气压数据的标志字段
15	表示气压
16	表示风向
17	表示风速（单位：节）
18	44 固定字段，表示气压数据的标志字段
19	表示气压
20	表示风向
21	表示风速（单位：节）
22	55 固定字段，表示气压数据的标志字段
23	表示气压
24	表示风向
25	表示风速（单位：节）
26	66 固定字段，表示气压数据的标志字段
27	表示气压
28	表示风向
29	表示风速（单位：节）
30	77 固定字段，表示气压数据的标志字段
31	表示气压
32	表示风向
33	表示风速（单位：节）
34	88 固定字段，表示气压数据的标志字段
35	表示气压
36	表示风向
37	表示风速（单位：节）
38	99 固定字段，表示气压数据的标志字段
39	表示气压

续表

序号	要素含义
40	表示风向
41	表示风速（单位：节）
42	11 固定字段，表示气压数据的标志字段
43	表示气压
44	表示风向
45	表示风速（单位：节）
46	22 固定字段，表示气压数据的标志字段
47	表示气压
48	表示风向
49	表示风速（单位：节）
50	33 固定字段，表示气压数据的标志字段
51	表示气压
52	表示风向
53	表示风速（单位：节）
54	44 固定字段，表示气压数据的标志字段
55	表示地面气压
56	表示风向
57	表示风速（单位：节）
58	55 固定字段，表示气压数据的标志字段
59	表示气压
60	表示风向
61	表示风速（单位：节）
62	66 固定字段，表示气压数据的标志字段
63	表示气压
64	表示风向
65	表示风速（单位：节）
66	77 固定字段，表示气压数据的标志字段
67	表示气压
68	表示风向
69	表示风速（单位：节）
70	88 固定字段，表示气压数据的标志字段
71	表示气压
72	表示风向
73	表示风速（单位：节）

3.2.8 正文 2 段第 4 节部分

内容：31313 09608 82113

序号： 01 020304 05 06

逐词解析见表 3.10。

表 3.10 报文实例逐词解析

序号	要素含义
01	固定字段，表示测深系统的识别参数
02	固定字段，表示使用的设备是否完成校正，0 表示无校正
03	固定字段，表示下投式探空仪
04	固定字段，表示自动卫星导航
05	表示观测的时次（UTC），这里表示 21 时
06	表示观测的分钟（UTC），这里表示 13 分

3.2.9 正文 2 段第 5 节部分

内容：61616 AF301 WXWXE 180907150601301 OB 09

序号： 01 02 03 04 05 06 07

逐词解析见表 3.11。

表 3.11 报文实例逐词解析

序号	要素含义
01	固定字段，表示飞行任务信息的识别参数
02	固定字段，表示飞机编号
03	固定字段，表示飞行作业编号
04	固定字段，表示飞行位置
05	这里是观测的当地时间，表明这时的还是热带低压，还没有升级到有台风名的强度；即如果该台风已经命名，则写台风名
06	固定字段，表示观测
07	固定字段，表示观测编号

内容：62626 MXWNDBND MBL WND 09061 AEV 33652 DLM WND 11567 000697 WL150

序号： 01 02 03 04 05 06 07 08 09 10 11

内容：09053 080 REL 2465N15269W 211333 SPG 2470N15279W 211848 =

序号：12 13 14 15 16 17 18 19 20 21 22 23

逐词解析见表 3.12。

表 3.12 报文实例逐词解析

序号	要素含义
01	固定字段，表示下投式数据信息的识别参数
02	固定字段，表示 0～500 米高度层
03	0～500 米高度层的平均风向，这里表示 90 度
04	0～500 米高度层的平均风速，这里表示 61×0.5144×0.8≈25.1 米/秒
05	固定字段，表示 AEV 的版本号
06	AEV 的版本号，这里表示 V3.3-652 版
07	固定字段，表示敏感区（深层平均引导气流 DLM）
08	敏感区风向，这里表示风向为 115 度
09	敏感区风速，这里表示风速 67×0.5144≈34.5 米/秒
10	敏感区气压区间，这里表示 697～1000 百帕
11	固定字段，表示 0～150 米高度层
12	0～150 米高度层的平均风向，表示风向 90 度
13	0～150 米高度层的平均风速，表示风速 53×0.5144÷1.229≈22.2 米/秒
14	0～150 米高度层平均风的高度，表示高度 80 米
15	固定字段，表示抛投位置和时间
16	抛投位置的纬度，表示北纬 24.65 度
17	抛投位置的经度，表示西经 152.69 度
18	抛投位置的时间，表示抛投时间 21 时 13 分 33 秒
19	固定字段，表示落海位置和时间
20	落海位置的纬度，表示北纬 24.70 度
21	落海位置的经度，表示西经 152.79 度
22	落海位置的时间，表示抛投时间 21 时 18 分 48 秒
23	“=” 报文结束符

3.3 相关扩展信息

（1）实例中未出现但存在的字段

1）若 62626 字段后出现“EYEWALL XXX”：EYEWALL 后跟的 XXX 用 8 方位表示，用于描述眼壁到中心的方位，例如：EYEWALL 045，就是表示 EYEWALL 相对于中心为东北向。

2）SPL：与 SPG 含义相同，后面跟落海位置经纬度信息，区别在于时间精度不同，

SPL 精确到分，SPG 精确到秒。目前 SPL 已经基本不在使用。

3）若 51515 字段后跟 10166，表示位势高度数据可疑，表达为“10166 $0P_nP_nP_nP_n$”；若 51515 字段后有 10167，表示温度数据可疑，表达为“10167 $0P_nP_nP_nP_n$”。例如：51515 10166 00251 10167 05451 表示在海平面气压 1020～510 百帕位势高度数据可疑，在 540～510 百帕，温度数据可疑。

（2）单位换算

1）MBL WND：0～500 米高度层的平均风速乘以 0.80。

2）WL150：0～150 米高度层的平均风速除以 1.229。

3）1 节：约等于 0.5144 米/秒。

（3）MMM 马士顿方格号（Marsden square）各编号代表位置如图 3.2 所示。

	180°–170°	170°–160°	160°–150°	150°–140°	140°–130°	130°–120°	120°–110°	110°–100°	100°–90°	90°–80°	80°–70°	70°–60°	60°–50°	50°–40°	40°–30°	30°–20°	20°–10°	10°–0°	0°–10°	10°–20°	20°–30°	30°–40°	40°–50°	50°–60°	60°–70°	70°–80°	80°–90°	90°–100°	100°–110°	110°–120°	120°–130°	130°–140°	140°–150°	150°–160°	160°–170°	170°–180°
80°–70°	270	269	268	267	266	265	264	263	262	261	260	259	258	257	256	255	254	253	288	287	286	285	284	283	282	281	280	279	278	277	276	275	274	273	272	271
70°–60°	234	233	232	231	230	229	228	227	226	225	224	223	222	221	220	219	218	217	252	251	250	249	248	247	246	245	244	243	242	241	240	239	238	237	236	235
60°–50°	198	197	196	195	194	193	192	191	190	189	188	187	186	185	184	183	182	181	216	215	214	213	212	211	210	209	208	207	206	205	204	203	202	201	200	199
50°–40°	162	161	160	159	158	157	156	155	154	153	152	151	150	149	148	147	146	145	180	179	178	177	176	175	174	173	172	171	170	169	168	167	166	165	164	163
40°–30°	126	125	124	123	122	121	120	119	118	117	116	115	114	113	112	111	110	109	144	143	142	141	140	139	138	137	136	135	134	133	132	131	130	129	128	127
30°–20°	90	89	88	87	86	85	84	83	82	81	80	79	78	77	76	75	74	73	108	107	106	105	104	103	102	101	100	99	98	97	96	95	94	93	92	91
20°–10°	54	53	52	51	50	49	48	47	46	45	44	43	42	41	40	39	38	37	72	71	70	69	68	67	66	65	64	63	62	61	60	59	58	57	56	55
10°–0°	18	17	16	15	14	13	12	11	10	9	8	7	6	5	4	3	2	1	36	35	34	33	32	31	30	29	28	27	26	25	24	23	22	21	20	19
0°–10°	317	316	315	314	313	312	311	310	309	308	307	306	305	304	303	302	301	300	335	334	333	332	331	330	329	328	327	326	325	324	323	322	321	320	319	318
10°–20°	353	352	351	350	349	348	347	346	345	344	343	342	341	340	339	338	337	336	371	370	369	368	367	366	365	364	363	362	361	360	359	358	357	356	355	354
20°–30°	389	388	387	386	385	384	383	382	381	380	379	378	377	376	375	374	373	372	407	406	405	404	403	402	401	400	399	398	397	396	395	394	393	392	391	390
30°–40°	425	424	423	422	421	420	419	418	417	416	415	414	413	412	411	410	409	408	443	442	441	440	439	438	437	436	435	434	433	432	431	430	429	428	427	426
40°–50°	461	460	459	458	457	456	455	454	453	452	451	450	449	448	447	446	445	444	479	478	477	476	475	474	473	472	471	470	469	468	467	466	465	464	463	462
50°–60°	497	496	465	494	493	492	491	490	489	488	487	486	485	484	483	482	481	480	515	514	513	512	511	510	509	508	507	506	505	504	503	502	501	500	499	498
60°–70°	533	532	531	530	529	528	527	526	525	524	523	522	521	520	519	518	517	516	551	550	549	548	547	546	545	544	543	542	541	540	539	538	537	536	535	534

图 3.2　马士顿方格号①

① WMO-No.306 文件。

第 4 章　FK 报文

根据 WMO-No.386 文件，T_1T_2=“FK”的报文，其中，F=Forecasts，K=Tropical cyclone advisories，目前 FK 编发航空热带气旋咨询报（Aviation Tropical Cyclone Advisory），主要目的是发出航空热带气旋咨询意见，各个国家或地区以保障国际航空和航线安全为目的，提供短期热带气旋预报。

航空热带气旋咨询主要内容是列出了当前的 TC 的位置、运动和强度，包括咨询发布时间后的每隔 6 小时的预测位置和强度。预报时间的位置和强度预报信息由插值得出，强度的个位数四舍五入到 5 或者 0 节。

虽然同为有规则编报，相对于 WC 和 UZ 报文，FK 报文可谓是明码编报。同时由于面向对象为民航，发布该类报文的编报中心在编发的报文内容时，结构是比较固定，不同国家或地区略有不同，故本章先介绍报文结构，之后基于报文实例进行分析；逐要素字段含义进行说明。

4.1　报文结构

图 4.1 为热带气旋咨询报的报文结构，其中，黑体为报文内容不可编辑的固定字段，其他为报文内容的可编辑字段。报文内容中的一些缩写是航空报中的专有词汇，例如 NC（No Change）表示强度无变化，由于这里涉及实例的缩写词汇不多，所以在 WC 报文章节的第三部分集中总结了。

“报头”主要作用就是告知报文类型（T_1T_2）、涉及国家或地区（A_1A_2）、编报中心（CCCC），以及发报时间（DDHHMM）。这里的 T_1T_2=“FK”，热带气旋咨询报。

正文上面的 3 行为可选部分，有些国家会遵照本国其他台风类报文的编报规则，在 FK 报文添加例如台风等级、台风名、ICAO 咨询报编号、编报中心全称、台风编号、发报的“年月日时分秒”等信息。

正文第 1 行：“TC ADVISORY”是固定字段。表示从这里开始下面为热带气旋咨询报内容。

正文第 2 行：“DTG“表示发布时间，用世界时表示，在年月日时间后用“Z”表示。

正文第 3 行：“TCAC”表示热带气旋咨询中心的名称，这里可以是 CCCC 编报中心代码，也可以是编报中心的全称。

图 4.1　热带气旋咨询报报文结构

正文第 4 行：“TC”表示热带气旋名称，如果尚未命名则用“NONAME”表示。

正文第 5 行：“ADVISORY NR”表示咨询编号，这里的固定字段也可以写成“NR”。

正文第 6 行：“OBS PSN”表示观测时间内的中心位置，这里的固定字段也可以写成“PSN”。写上“OBS”也是为了和后面的预报时间“FCST”区分。

正文第 7 行：“MOV”表示移动的方向和速度，单位可以用“MPH”，也可以是“KT”表示。

正文第 8 行：INTST CHANGE”表示强度变化。

正文第 9 行：“C”表示中心气压，单位是百帕。

正文第 10 行：“MAX WIND”表示中心附近最大地面风，单位可以用“MPH”，也可以是“KT”表示。

正文第11、13、15、17、19行：“FCST PSN +X HR”表示预报XX小时后的中心位置。XX可以是06、12、18、24，也可以是03、09、15、21、27。后者如果想用预报时间（+06、+12、+18和+24）的位置信息，则需要插值得到。

正文第12、14、16、18、20行：“FCST MAX WIND +XHR”表示预报XX小时后的最大地面风。单位可以用“MPH”，也可以是“KT”表示。后者如果想用预报时间（+06、+12、+18和+24）的强度预报信息，则需要插值得到，强度个位数四舍五入到0或者5。

正文第21行：“RMK”表示备注行，需要时备注相关提示内容；如不需要，也不能删除改行，应该用“RMK：NIL”表示。

正文第22行：“NXT MSG”表示下一次咨询报发布的预期时间，格式是“：YYYYMMDD/HHMM Z”，其中Z表示世界时，为固定字。

4.2 报文解析

4.2.1 报文实例1：美国PHFO、KNHC

4.2.1.1 报文内容

报文：FKPA22 PHFO 080234

序号：01 02 03 04

报文：HURRICANE DORA ICAO ADVISORY NUMBER 31

序号：05

报文：NWS CENTRAL PACIFIC HURRICANE CENTER HONOLULU HI EP052023

序号：06 07

报文：0300 UTC TUE AUG 08 2023

序号：08

报文：TC ADVISORY

序号：09

报文：DTG： 20230808/0300Z

序号：10

报文：TCAC： PHFO

序号：11

报文：TC： DORA

序号：12

报文：ADVISORY NR： 2023/031

序号：13

报文：OBS PSN： 08/0300Z N1200 W15218

序号： 14

报文：MOV： W 20KT

序号： 15

报文：INTST CHANGE： NC

序号： 16

报文：C： 0953HPA

序号： 17

报文：MAX WIND： 115KT

序号： 18

报文：FCST PSN +3 HR： 08/0600Z N1200 W15314

序号： 19

报文：FCST MAX WIND +3 HR： 115KT

序号： 20

报文：FCST PSN +9 HR： 08/1200Z N1200 W15506

序号： 21

报文：FCST MAX WIND +9 HR： 110KT

序号： 22

报文：FCST PSN +15 HR： 08/1800Z N1200 W15700

序号： 23

报文：FCST MAX WIND +15 HR： 110KT

序号： 24

报文：FCST PSN +21 HR： 09/0000Z N1200 W15854

序号： 25

报文：FCST MAX WIND +21 HR： 105KT

序号： 26

报文：FCST PSN +27 HR： 09/0600Z N1209 W16048

序号： 27

报文：FCST MAX WIND +27 HR： 105KT

序号： 28

报文：RMK： THE FORECAST POSITION INFORMATION IN

报文： THIS PRODUCT IS INTERPOLATED FROM

报文： OFFICIAL FORECAST DATA VALID AT 0000...

报文： 0600...1200...AND 1800Z.

序号： 29

报文：NXT MSG： 20230808/0900Z

序号： 30

4.2.1.2 报文解析（见表 4.1）

表 4.1 报文实例 1 逐词解析

序号	要素含义
01	简式报头中的 TT；FK，热带气旋咨询报
02	简式报头中的 AA；PA 表示：报文涉及太平洋海域
03	编报中心代码；PHFO 表示：RSMC PHFO 热带气旋区域中心
04	编报日期时间 DDHHMM（UTC)；表示 08 日 02 时 34 分
05	台风等级 HURRICANE、台风名 DORA、ICAO 咨询报编号 ICAO ADVISORY NUMBER 31
06	编报中心全程
07	台风编号，EP052023，EP 代表涉及 East Pacific 海域，2023 年第 5 号台风
08	发布时间，2023 年 08 月 08 日周二，世界时 03 时
09	固定字段，TC ADVISORY
10	发布时间，2023 年 08 月 08 日，世界时 03 时
11	编报中心，RSMC PHFO 热带气旋区域中心
12	台风名，DORA
13	咨询编号，2023 年第 31 份
14	观测时间中心位置，08 日世界时 03 时，北纬 12 度 00 分，西经 152 度 18 分
15	移向移速，向西以 20 节速度前进
16	强度变化，无变化
17	中心气压，953 百帕
18	最大地面风，115 节
19	3 小时预报中心位置，08 日世界时 06 时，北纬 12 度 00 分，西经 153 度 14 分
20	3 小时预报最大地面风，115 节
21	9 小时预报中心位置，08 日世界时 12 时，北纬 12 度 00 分，西经 155 度 06 分
22	9 小时预报最大地面风，110 节
23	15 小时预报中心位置，08 日世界时 18 时，北纬 12 度 00 分，西经 157 度 00 分
24	15 小时预报最大地面风，110 节
25	21 小时预报中心位置，09 日世界时 00 时，北纬 12 度 00 分，西经 158 度 54 分
26	21 小时预报最大地面风，105 节
27	27 小时预报中心位置，09 日世界时 06 时，北纬 12 度 09 分，西经 160 度 48 分
28	27 小时预报最大地面风，105 节
29	备注行
30	发报时间，表示当地时间 2023 年 08 月 08 日世界时 09 时

4.2.1.3　相关信息

美国不同编报中心编发 FK 报使用的报头编码梳理，见表 4.2。

表 4.2　报文类型对应编码

报文类型名称	描述地区	报头编码
Aviation Tropical Cyclone Advisory	Atlantic Basin	FKNT21-25 KNHC
	Eastern Pacific Ocean	FKPZ21-25 KNHC
	Central Pacific Ocean	FKPA21-25 PHFO

报头中的 ii 部分，即“21-25”，其中第 1 个 i=“2”是固定部分，而第 2 个 i=“1-5”是按台风过程编号分配；即，大西洋海域的第 1、第 6 或第 11 次台风过程的 FK 报，将按照报头 “FKNT21 KNHC”的方式进行编发；中太平洋海域的第 2、第 7 或第 12 次台风过程的 FK 报，将按照报头“FKPA22 PHFO”的方式进行编发，以此类推。

4.2.2　报文实例 2：澳大利亚 ADRM、APRF、ABRF

4.2.2.1　报文内容

报文：FKAU03 ADRM 250017

序号：01 02 03 04

报文：TC ADVISORY

序号：05

报文：DTG: 20200225/0000Z

序号：06

报文：TCAC: DARWIN

序号：07

报文：TC: FERDINAND

序号：08

报文：ADVISORY NR: 2020/6

序号：09

报文：OBS PSN: 25/0000Z S1518 E11718

序号：10

报文：CB: WI 60NM OF TC CENTRE TOP FL600

序号：11

报文：MOV: SSW 03KT

序号：12

报文：C: 975HPA

序号：13

报文：MAX WIND: 65KT

序号：14

报文：FCST PSN +6HR: 25/0600 S1536 E11706

序号： 15

报文：FCST MAX WIND +6HR: 65KT

序号： 16

报文：FCST PSN +12HR: 25/1200 S1542 E11648

序号： 17

报文：FCST MAX WIND +12HR: 70KT

序号： 18

报文：FCST PSN +18HR: 25/1800 S1548 E11624

序号： 19

报文：FCST MAX WIND +18HR: 75KT

序号： 20

报文：FCST PSN +24HR: 26/0000 S1554 E11600

序号： 21

报文：FCST MAX WIND +24HR: 85KT

序号： 22

报文：RMK: NIL

序号： 23

报文：NXT MSG: 20200225/0700Z

序号： 24

4.2.2.2 报文解析（见表 4.3）

表 4.3 报文实例 2 逐词解析

序号	要素含义
01	简式报头中的 TT；FK，热带气旋咨询报
02	简式报头中的 AA；AU 表示：报文涉及澳大利亚
03	编报中心代码；ADRM 表示：TCWC ADRM 热带气旋警报中心
04	编报日期时间 DDHHMM（UTC）；表示 25 日 00 时 17 分
05	固定字段，TC ADVISORY
06	发布时间，2020 年 2 月 25 日，世界时 00 时
07	编报中心，TCWC ADRM 热带气旋警报中心
08	台风名，FERDINAND
09	咨询编号，2020 年第 6 份
10	观测时间中心位置，25 日，世界时 00 时，南纬 15 度 18 分，西经 117 度 18 分
11	观测的水平范围和垂直范围，这里表示 60 海里范围内，飞行高度层 60000 英尺
12	移向移速，向 SSW 以 3 节速度前进

续表

序号	要素含义
13	中心气压，975 百帕
14	最大地面风，65 节
15	6 小时预报中心位置，08 日，世界时 06 时，南纬 15 度 36 分，西经 117 度 06 分
16	6 小时预报最大地面风，65KT
17	12 小时预报中心位置，08 日，世界时 12 时，南纬 15 度 42 分，西经 116 度 48 分
18	12 小时预报最大地面风，70 节
19	18 小时预报中心位置，08 日，世界时 18 时，南纬 15 度 48 分，西经 116 度 24 分
20	18 小时预报最大地面风，75 节
21	24 小时预报中心位置，09 日，世界时 00 时，南纬 15 度 54 分，西经 116 度 00 分
22	24 小时预报最大地面风，85 节
23	备注行
24	发报时间，表示当地时间 2020 年 02 月 25 日，世界时 07 时

4.2.2.3 相关信息

澳大利亚编发内容为热带气旋咨询报（Tropical Cyclone Advisory），共涉及 3 个 TCWC 中心，分别是 ADRM、APRF、ABRF 编报中心，这三个中心对应管理北部地区（NT）、西部地区（WA）、东部地区（QLD），在编发咨询报时，使用的澳大利亚报文类型编码见表 4.4。

表 4.4 报文类型对应编码

报文类型名称	描述地区	报文类型编码
Tropical Cyclone Advisory	西部地区（WA）	IDW41170
		IDW41180
		IDW41190
	北部地区（NT）	IDD41170
		IDD41180
	东部地区（QLD）	IDQ41170
		IDQ41180
		IDQ41190

4.2.3 报文实例 3：印度 DEMS

4.2.3.1 报文内容

报文：<u>FKIN</u>20 <u>DEMS</u> <u>020306</u>

序号：01 02　　03　　04

报文：TC ADVISORY

序号： 05

报文：TCAC: NEW DELHI

序号： 06

报文：DTG: 20231202/0000Z

序号： 07

报文：TC: NONAME

序号： 08

报文：NR: 01

序号： 09

报文：PSN: N1030 E08406

序号： 10

报文：MOV: WNW04KT

序号： 11

报文：INTST CHANGE: INTSF

序号： 12

报文：C: 1000HPA

序号： 13

报文：MAX WIND: 30KT

序号： 14

报文：FCST PSN+06HR: 02/0600Z N1042 E08342

序号： 15

报文：FCST MAX WIND +06HRS: 30 KT

序号： 16

报文：FCST PSN+12HR: 02/1200Z N1100 E08318

序号： 17

报文：FCST MAX WIND +12HRS: 30 KT

序号： 18

报文：FCST PSN+18HR: 02/1800Z N1124 E08254

序号： 19

报文：FCST MAX WIND +18HRS: 35 KT

序号： 20

报文：FCST PSN+24HR: 03/0000Z N1148 E08230

序号： 21

报文：FCST MAX WIND +24HRS: 35 KT

序号： 22

报文：RMK: NIL

序号： 23

报文：NEXT MSG: 20231202/0900Z

序号： 24

4.2.3.2　报文解析（见表 4.5）

表 4.5　报文实例 3 逐词解析

序号	要素含义
01	简式报头中的 TT；FK，热带气旋咨询报
02	简式报头中的 AA；IO 表示：报文涉及印度洋海域
03	编报中心代码；DEMS 表示：RSMC DEMS 热带气旋区域中心
04	编报日期时间 DDHHMM（UTC）；表示 02 日 03 时 06 分
05	固定字段，TC ADVISORY
06	编报中心，NEW DELHI 新德里，RSMC DEMS 热带气旋区域中心
07	发布时间，2023 年 12 月 02 日，世界时 00 时
08	台风名，NONAME
09	咨询编号，第 1 份
10	观测时间中心位置，北纬 10 度 30 分，东经 84 度 06 分
11	移向移速，向 WNW 以 4 节速度前进
12	强度变化，逐渐增强
13	中心气压，1000 百帕
14	最大地面风，30 节
15	6 小时预报中心位置，02 日，世界时 06 时，北纬 10 度 42 分，东经 83 度 42 分
16	6 小时预报最大地面风，30 节
17	12 小时预报中心位置，02 日，世界时 12 时，北纬 11 度 00 分，东经 83 度 18 分
18	12 小时预报最大地面风，30 节
19	18 小时预报中心位置，02 日，世界时 18 时，北纬 11 度 24 分，东经 82 度 54 分
20	18 小时预报最大地面风，35 节
21	24 小时预报中心位置，03 日，世界时 00 时，北纬 11 度 48 分，东经 82 度 30 分
22	24 小时预报最大地面风，35 节
23	备注行
24	发报时间，表示当地时间 2023 年 12 月 02 日，世界时 09 时

第 5 章　AB/AC 报文

根据 WMO-No.386 文件，T_1T_2=“AB/AC”的报文，其中，A=Analyses，C=Cyclone，B 在 WMO 文件中没有说明，目前编发 AB/AC 报文且可接收的国家仅为美国。通过分析 AB/AC 报头发现，其中，KNHC、PHFO 编报中心编发内容为热带天气展望（Tropical Weather Outlook (TWO)）、特别热带天气展望（Special Tropical Weather Outlook）、热带天气月度总结（Monthly Tropical Weather Summary），PGTW 编报中心编发内容为重要天气公报（Significant Weather Advisory）；编发报文的编报中心涉及 5 个地区，分别是大西洋地区、东太平洋地区、中太平洋地区、印度洋地区和西太平洋地区，上述报文可以通过报头进行识别，具体将在“5.2.6 相关信息”给出。

热带天气展望（TWO）讨论了未来 7 天的重要区域及其发展潜力，包括前 48 小时和整个 7 天预测期间热带气旋形成概率的分类预测。每个扰动的 48 小时和 7 天形成概率为最近的 10%，并以以下类别之一表示：低发展概率（0%～30%）、中等概率（40%～60%）和高发展概率（70%～100%）。展望还包括对任何活动气旋及其在它们存在的最初 24 小时内位置的一般描述。每年从 5 月 15 日至 11 月 30 日，大西洋和东太平洋每 6 小时发布一次热带天气展望；从 6 月 1 日至 11 月 30 日中太平洋每 6 小时发布一次热带天气展望，发布时间为世界时 00 时、06 时、12 时和 18 时。特别热带天气展望（Special Tropical Weather Outlook）是当热带或亚热带水域的天气扰动区域，需要在下次预定发布热带天气展望之前发生重大变化时，将发布特别热带天气展望。热带天气月度总结（Monthly Tropical Weather Summary）会在飓风季节期间每月的第一天发布。它简要描述了上一个月的热带气旋活动，并给出了迄今为止所有热带气旋的基本统计，如发生日期和估计的峰值强度。

5.1　报文结构

AB/AC 报采用明码方式编发报文，由于来自不同的编报中心，虽然同属美国编报，但仅限于同一类型的报文格式相同。所以下面依旧根据目前通过 GTS 可接收到的报文，进行实例分析；逐要素字段解析含义，并对报文相关内容进行总结说明。

5.2 报文解析

5.2.1 报文实例 1：美国 PHFO

5.2.1.1 报文内容

ACPN50 PHFO 292350

TWOCP

TROPICAL WEATHER OUTLOOK

NWS CENTRAL PACIFIC HURRICANE CENTER HONOLULU HI

200 PM HST MON JUL 29 2013

FOR THE CENTRAL NORTH PACIFIC...BETWEEN 140W AND 180

1. THE CENTRAL PACIFIC HURRICANE CENTER IN HONOLULU...HAWAII IS
ISSUING ADVISORIES ON TROPICAL STORM FLOSSIE...LOCATED ABOUT 145
MILES EAST OF HONOLULU...HAWAII. FLOSSIE IS MOVING WEST NORTHWEST
AT 18 MPH. FOR ADDITIONAL INFORMATION ON FLOSSIE...SEE THE
LATEST BULLETINS ISSUED BY CPHC UNDER AWIPS HEADER TCPCP1 AND WMO
HEADER WTPA31 PHFO.

ELSEWHERE...NO TROPICAL CYCLONES ARE EXPECTED THROUGH WEDNESDAY
AFTERNOON.

5.2.1.2 报头部分

报文：ACPN50 PHFO 292350

序号：01 02 03 04

报文：TWOCP

序号：05

报文：TROPICAL WEATHER OUTLOOK

序号：06

报文：NWS CENTRAL PACIFIC HURRICANE CENTER HONOLULU HI

序号：07

报文：200 PM HST MON JUL 29 2013

序号：08

报头部分逐词解析见表 5.1。

表 5.1 报文实例 1 报头部分逐词解析

序号	要素含义
01	简式报头中的 TT；AC
02	简式报头中的 AA；PN 表示：报文涉及北太平洋海域
03	编报中心代码；PHFO 表示：RSMC PHFO 热带气旋区域中心

续表

序号	要素含义
04	编报日期时间 DDHHMM（UTC）；表示 29 日 23 时 50 分
05	美国报文类型+区域，TWO 表示 Tropical Weather Outlook，CP 表示 Central Pacific
06	美国报文类型，Tropical Weather Outlook
07	编报中心全称
08	发报时间，表示当地时间 2013 年 7 月 29 日 02 时 00 分下午，周一

5.2.1.3 展望内容

报文：FOR THE CENTRAL NORTH PACIFIC...BETWEEN 140W AND 180

序号：　　　　　　　01

报文：1. THE CENTRAL PACIFIC HURRICANE CENTER IN HONOLULU...HAWAII IS

报文：ISSUING ADVISORIES ON TROPICAL STORM FLOSSIE...LOCATED ABOUT 145

序号：　　　　　　　　　　　　　　02　　　　　　　　　03

报文：MILES EAST OF HONOLULU...HAWAII. FLOSSIE IS MOVING WEST NORTHWEST

序号：　　　　　　　03　　　　　　　　　　　　04

报文：AT 18 MPH. FOR ADDITIONAL INFORMATION ON FLOSSIE...SEE THE

序号：　　04　　　　　　　　　　05

报文：LATEST BULLETINS ISSUED BY CPHC UNDER AWIPS HEADER TCPCP1 AND WMO HEADER WTPA31 PHFO.

序号：　　　05

展望内容逐词解析见表 5.2。

表 5.2　报文实例 1 展望内容逐词解析

序号	要素含义
01	固定字段，表示报文说明的区域，这里表示北太平洋中部，西经 140 度至 180 度范围
02	台风等级+台风名，这里表示 TROPICAL STORM FLOSSIE
03	当前位置，距离 HONOLULU...HAWAII 东 145 英里①
04	移向移速，向西北西方向以 18 迈的速度移动
05	扩展信息，详细热带风暴 FLOSSIE 公报参见“WTPA31 PHFO”

5.2.2 报文实例 2：美国 KNHC

5.2.2.1 报文内容

ABPZ20 KNHC 161132

TWOEP

Tropical Weather Outlook

① 1 英里≈1.6093 千米，全书同。

NWS National Hurricane Center Miami FL
500 AM PDT Sat Sep 16 2023
For the eastern North Pacific...east of 140 degrees west longitude:
Active Systems:
The National Hurricane Center is issuing advisories on Tropical Depression Twelve-E, located over the western portion of the East Pacific.
Central East Pacific:
A broad area of low pressure located well south of the coast of southwestern Mexico is producing disorganized showers and thunderstorms. Environmental conditions are forecast to become conducive for gradual development of this system by early next week while the system moves west-northwestward over the central and western portions of the east Pacific.
* Formation chance through 48 hours...low...near 0 percent.
* Formation chance through 7 days...medium...40 percent.
&&
Public Advisories on Tropical Depression Twelve-E are issued under WMO header WTPZ32 KNHC and under AWIPS header MIATCPEP2.
Forecast/Advisories on Tropical Depression Twelve-E are issued under WMO header WTPZ22 KNHC and under AWIPS header MIATCMEP2.

5.2.2.2 报头部分

报文：ABPZ20 KNHC 161132
序号：01 02 03 04
报文：TWOEP
序号：05
报文：Tropical Weather Outlook
序号：06
报文：NWS National Hurricane Center Miami FL
序号：07
报文：500 AM PDT Sat Sep 16 2023
序号：08

报头部分逐词解析见表 5.3。

表 5.3 报文实例 2 报头部分逐词解析

序号	要素含义
01	简式报头中的 TT；AB
02	简式报头中的 AA；PZ 表示：报文涉及东太平洋海域

续表

序号	要素含义
03	编报中心代码；KNHC 表示：RSMC KNHC 热带气旋区域中心
04	编报日期时间 DDHHMM（UTC）；表示：16 日 11 时 32 分
05	美国报文类型+区域，TWO 表示 Tropical Weather Outlook，CP 表示 Central Pacific
06	美国报文类型，Tropical Weather Outlook
07	编报中心全称
08	发报时间，表示当地时间 2023 年 9 月 16 日 05 时 00 分上午，周六

5.2.2.3 展望内容

报文：For the eastern North Pacific...east of 140 degrees west longitude:

序号：01

报文：Active Systems:

序号：02

报文：The National Hurricane Center is issuing advisories on Tropical

报文：Depression Twelve-E, located over the western portion of the East

报文：Pacific.

序号：03

报文：Central East Pacific:

序号：04

报文：A broad area of low pressure located well south of the coast of

报文：southwestern Mexico is producing disorganized showers and

报文：thunderstorms. Environmental conditions are forecast to become

报文：conducive for gradual development of this system by early next

报文：week while the system moves west-northwestward over the central

报文：and western portions of the east Pacific.

序号：05

报文：* Formation chance through 48 hours...low...near 0 percent.

序号：06

报文：* Formation chance through 7 days...medium...40 percent.

序号：07

报文：Public Advisories on Tropical Depression Twelve-E are issued under

报文：WMO header WTPZ32 KNHC and under AWIPS header MIATCPEP2.

报文：Forecast/Advisories on Tropical Depression Twelve-E are issued

报文：under WMO header WTPZ22 KNHC and under AWIPS header MIATCMEP2.

序号：08

展望内容逐词解析见表 5.4。

表 5.4 报文实例 2 展望内容逐词解析

序号	要素含义
01	固定字段，表示报文说明的区域，这里表示东太平洋，西经 140 度以东
02	固定字段，活动的系统
03	固定内容，台风编号，以及活动范围概述
04	固定字段，东太平洋地区
05	固定内容，描述当前情况和未来移动方向及趋势
06	固定字段，未来 48 小时升级的趋势
07	固定字段，未来 7 天升级的趋势
08	固定字段，扩展信息，详细公报参见“WTPZ32 KNHC”，预报参见“WTPZ22 KNHC”

5.2.3 报文实例 3：美国 PGTW

5.2.3.1 报文内容

ABPW10 PGTW 180600

MSGID/GENADMIN/JOINT TYPHOON WRNCEN PEARL HARBOR HI//

SUBJ/SIGNIFICANT TROPICAL WEATHER ADVISORY FOR THE WESTERN AND SOUTH PACIFIC OCEANS/180600Z-190600ZOCT2023//

REF/A/MSG/JOINT TYPHOON WRNCEN PEARL HARBOR HI/180151ZOCT2023//

AMPN/REF A IS A TROPICAL CYCLONE WARNING.//

RMKS/

1. WESTERN NORTH PACIFIC AREA (180 TO MALAY PENINSULA):

A. TROPICAL CYCLONE SUMMARY:

(1) AT 18OCT23 0000Z, TROPICAL DEPRESSION 16W (SIXTEEN) WAS LOCATED NEAR 16.7N 109.6E, APPROXIMATELY 86 NM EAST-NORTHEAST OF DA NANG, VIETNAM, AND HAD TRACKED NORTHWESTWARD AT 05 KNOTS OVER THE PAST SIX HOURS. MAXIMUM SUSTAINED SURFACE WINDS WERE ESTIMATED AT 30 KNOTS GUSTING TO 40 KNOTS. SEE REF A (WTPN31 PGTW 180300) FOR FURTHER DETAILS.

(2) NO OTHER TROPICAL CYCLONES.

B. TROPICAL DISTURBANCE SUMMARY: NONE.

C. SUBTROPICAL SYSTEM SUMMARY: NONE.

2. SOUTH PACIFIC AREA (WEST COAST OF SOUTH AMERICA TO 135 EAST):

A. TROPICAL CYCLONE SUMMARY: NONE.

B. TROPICAL DISTURBANCE SUMMARY: NONE.

C. SUBTROPICAL SYSTEM SUMMARY: NONE.//

NNNN

5.2.3.2 报头部分

报文：ABPW10 PGTW 180600

序号： 01 02 03 04

报文：MSGID/GENADMIN/JOINT TYPHOON WRNCEN PEARL HARBOR HI//

序号： 05

报文：SUBJ/SIGNIFICANT TROPICAL WEATHER ADVISORY FOR THE WESTERN AND

序号： 06

报文：SOUTHPACIFIC OCEANS/180600Z-190600ZOCT2023//

序号： 07

报文：REF/A/MSG/JOINT TYPHOON WRNCEN PEARL HARBOR HI/180151ZOCT2023//

报文：AMPN/REF A IS A TROPICAL CYCLONE WARNING.//

序号： 08

报头部分逐词解析见表 5.5。

表 5.5 报文实例 3 报头部分逐词解析

序号	要素含义
01	简式报头中的 TT；AB
02	简式报头中的 AA；PW 表示：报文涉及西太平洋海域
03	编报中心代码；PGTW 表示：美国 PGTW 编报中心
04	编报日期时间 DDHHMM（UTC）；表示 18 日 06 时
05	编报中心全称
06	美国报文类型，SIGNIFICANT TROPICAL WEATHER ADVISORY
07	报文时效，2023 年 10 月 18 日 06 时至 19 日 06 时
08	报文关联信息，涉及一个 2023 年 10 月 18 日 15 时的台风警报报文

5.2.3.3 展望内容

报文：RMKS/

序号： 01

报文：1. WESTERN NORTH PACIFIC AREA (180 TO MALAY PENINSULA):

序号： 02

报文：A. TROPICAL CYCLONE SUMMARY:

序号： 03

报文：(1) AT 18OCT23 0000Z, TROPICAL DEPRESSION 16W (SIXTEEN) WAS

报文：LOCATED NEAR 16.7N 109.6E, APPROXIMATELY 86 NM EAST-NORTHEAST OF DA

报文：NANG, VIETNAM, AND HAD TRACKED NORTHWESTWARD AT 05 KNOTS OVER

报文：THE PAST SIX HOURS. MAXIMUM SUSTAINED SURFACE WINDS WERE

报文：ESTIMATED AT 30 KNOTS GUSTING TO 40 KNOTS.

报文：SEE REF A (WTPN31 PGTW 180300) FOR FURTHER DETAILS.

序号：04

报文：(2) NO OTHER TROPICAL CYCLONES.

序号：05

报文：B. TROPICAL DISTURBANCE SUMMARY: NONE.

序号：06

报文：C. SUBTROPICAL SYSTEM SUMMARY: NONE.

序号：07

报文：2. SOUTH PACIFIC AREA (WEST COAST OF SOUTH AMERICA TO 135 EAST):

序号：08

报文：A. TROPICAL CYCLONE SUMMARY: NONE.

序号：09

报文：B. TROPICAL DISTURBANCE SUMMARY: NONE.

序号：10

报文：C. SUBTROPICAL SYSTEM SUMMARY: NONE.//

序号：11

报文：NNNN

序号：12

展望内容逐词解析见表 5.6。

表 5.6 报文实例 3 展望内容逐词解析

序号	要素含义
01	固定字段，表示备注信息
02	固定字段，涉及的海域，西北太平洋海域
03	固定内容，是否有台风过程概述
04	固定字段，若有则描述台风当前实况信息，以及相关关联的报文报头信息；若无则在上一行用 NONE 表示
05	固定内容，每个台风过程独立描述，若无则注明“NO OTHER TROPICAL CYCLONES”
06	固定字段，是否有扰动信息概述
07	固定字段，是否有台风子系统概述
08	固定字段，涉及的海域，南太平洋海域
09	固定内容，是否有台风过程概述
10	固定字段，是否有扰动信息概述
11	固定字段，是否有台风子系统概述
12	报文结束符，“NNNN”表示

5.2.4 报文实例 4：美国 PHFO

5.2.4.1[①] 报文内容

ACPN50 PHFO 151410 CCA

TWOCP

SPECIAL TROPICAL WEATHER OUTLOOK...CORRECTED

NWS CENTRAL PACIFIC HURRICANE CENTER HONOLULU HI

400 AM HST THU AUG 15 2013

FOR THE CENTRAL NORTH PACIFIC...BETWEEN 140W AND 180

1. AN AREA OF LOW PRESSURE CENTERED ABOUT 650 MILES SOUTH OF KAUAI IS MOVING WEST NEAR 20 MPH. THIS SYSTEM CONTINUES TO SHOW SIGNS OF IMPROVED ORGANIZATION...AND A TROPICAL DEPRESSION MAY BE DEVELOPING...AS STRONG THUNDERSTORMS ARE INCREASING NEAR THE CENTER. ENVIRONMENTAL CONDITIONS APPEAR TO BE CONDUCIVE FOR FURTHER DEVELOPMENT...AND THIS SYSTEM HAS A HIGH CHANCE...80 PERCENT...OF BECOMING A TROPICAL CYCLONE DURING THE NEXT 48 HOURS.

2. AN ELONGATED TROUGH OF LOW PRESSURE ABOUT 1150 MILES SOUTHWEST OF KAUAI IS PRODUCING DISORGANIZED SHOWERS AND THUNDERSTORMS. FURTHER DEVELOPMENT...IF ANY...WILL BE SLOW TO OCCUR...AS THIS TROUGH MOVES WEST AT ABOUT 15 MPH. THERE IS A LOW CHANCE...20 PERCENT...THAT THIS SYSTEM WILL DEVELOP INTO A TROPICAL CYCLONE IN THE NEXT 48 HOURS.

3. A SURFACE TROUGH ABOUT 675 MILES SOUTHEAST OF HILO HAWAII IS PRODUCING DISORGANIZED SHOWERS AND THUNDERSTORMS AS IT MOVES WEST AT 15 TO 20 MPH. ENVIRONMENTAL CONDITIONS ARE NOT CONDUCIVE FOR FURTHER DEVELOPMENT...AND THIS SYSTEM HAS A LOW CHANCE...NEAR 0 PERCENT...OF BECOMING A TROPICAL CYCLONE DURING THE NEXT 48 HOURS.

ELSEWHERE...NO TROPICAL CYCLONES ARE EXPECTED THROUGH EARLY SATURDAY MORNING.

5.2.5 报文实例 5：美国 KNHC

5.2.5.1 报文内容

ABPZ30 KNHC 011455

TWSEP

MONTHLY TROPICAL WEATHER SUMMARY

NWS NATIONAL HURRICANE CENTER MIAMI FL

800 AM PDT MON JUN 01 2015

---

① 为使读者阅读方便，本书中报文内容仅有 1 个的章节也呈现节名，如有第 5.2.4.1 节，但无第 5.2.4.2 节，下同。

For the eastern North Pacific, east of 140 degrees west longitude:
Two tropical cyclones formed in the basin in May, Hurricane Andres, which became a major hurricane, and Tropical Depression Two-E, which has since become Tropical Storm Blanca. On average, a named storm forms in the basin in May about once every other year, with a hurricane forming about once every four years. Major hurricanes are relatively rare in the basin in May. Andres is only the fifth major hurricane to form in May in the eastern North Pacific since reliable records began in 1971.
Reports on individual cyclones, when completed, are available at the website of the National Hurricane Center:
www.nhc.noaa.gov/data/tcr/index.php?season=2015&basin=epac
Summary Table

```
Name                    Dates           Max Wind (mph)
--------------------------------------------------
MH   Andres             28 May-             125
TD   Two-E              31 May-              35
--------------------------------------------------
```

* Denotes a storm for which the post-storm analysis is complete.
$$
Hurricane Specialist Unit

5.2.6　相关信息

美国不同编报中心编发的 AB/AC 报，使用的相关报头编码梳理，见表 5.7。

表 5.7　报文类型对应编码

报文类型名称	描述地区	报头编码
Tropical Weather Outlook & Special Tropical Weather Outlook	Atlantic Basin	ABNT20 KNHC
	Eastern Pacific Ocean	ABPZ20 KNHC
	Central Pacific Ocean	ACPN50 PHFO
Monthly Tropical Weather Summary	Atlantic Basin	ABNT30 KNHC
	Eastern Pacific Ocean	ABPZ30 KNHC
	Central Pacific Ocean	ACPN60 PHFO
Significant Weather Advisory	Indian Ocean	ABIO10 PGTW
	Western Pacific Ocean	ABPW10 PGTW

第 6 章　AX 报文

根据 WMO-No.386 文件，T_1T_2=“AX”的报文，其中，A=Analyses，X=Miscellaneous，目前没有统一的编报规则，各个国家或地区或以明码方式，或以自定义格式编发报文，同为“AX”报头的报文，存在内容和使用各不相同的情况，因此报文格式比较复杂。本章仅根据目前通过 GTS 可接收到的台风报文作为解析实例进行分析；总结相关编报中心的报文编发格式及要素字段含义。

目前编发 AX 报文且可接收的国家有澳大利亚、美国和日本。其中，澳大利亚编发的 AX 报，内容为热带气旋技术公告（Tropical Cyclone Technical Bulletin），编发报文的编报中心涉及 3 个地区，分别是 WA（Western Australia）、NT（Northern Territory）、QLD（Queensland）；公告对所有相当于现时强度指数（CI）为 2.0 或更高的热带低压和热带气旋进行分析；美国编发的 AX 报，内容为热带天气讨论（Tropical Weather Discussion（TWD）），这里涉及的内容不仅仅为台风，还有其他天气过程；日本编发的 AX 报内容为最佳路径（RSMC TROPICAL CYCLONE BEST TRACK），是对整个过程结束后的总结。所以本章仅逐词解析澳大利亚和日本的报文，对于美国的 TWD 报仅对台风相关内容进行说明。

6.1　报文结构

AX 报采用明码方式编发报文，虽是明码编报，但来自不同编报中心，又分属不同国家，所以报文格式并不相同。下面依旧根据目前通过 GTS 可接收到的报文，进行实例分析；逐要素字段解析含义，并对报文相关内容进行总结说明。

6.2　报文解析

6.2.1　报文实例 1：澳大利亚 ADRM、APRF、ABRF

6.2.1.1　报文内容

AXAU01 ADRM 201355

IDD20020

TROPICAL CYCLONE TECHNICAL BULLETIN: AUSTRALIA - NORTHERN REGION
Issued by DARWIN TROPICAL CYCLONE WARNING CENTRE
at: 1355 UTC 20/03/2019
Name: Tropical Cyclone Trevor
Identifier: 20U
Data At: 1200 UTC
Latitude: 12.9S
Longitude: 141.8E
Location Accuracy: within 15 nm [30 km]
Movement Towards: northwest [316 deg]
Speed of Movement: 1 knots [3 km/h]
Maximum 10-Minute Wind: 35 knots [65 km/h]
Maximum 3-Second Wind Gust: 50 knots [95 km/h]
Central Pressure: 991 hPa
Radius of 34-knot winds NE quadrant: 25 nm [45 km]
Radius of 34-knot winds SE quadrant: 25 nm [45 km]
Radius of 34-knot winds SW quadrant: 30 nm [55 km]
Radius of 34-knot winds NW quadrant: 30 nm [55 km]
Radius of 48-knot winds NE quadrant:
Radius of 48-knot winds SE quadrant:
Radius of 48-knot winds SW quadrant:
Radius of 48-knot winds NW quadrant:
Radius of 64-knot winds:
Radius of Maximum Winds: 10 nm [20 km]
Dvorak Intensity Code: Over Land
Pressure of outermost isobar: 1006 hPa
Radius of outermost closed isobar: 150 nm [280 km]
FORECAST DATA

Date/Time		Location	Loc. Accuracy	Max Wind	Central Pressure
[UTC]		degrees	nm [km]	knots[km/h]	hPa
+06:	20/1800:	12.9S 141.5E:	025 [050]:	045 [085]:	987
+12:	21/0000:	12.9S 141.3E:	040 [070]:	060 [110]:	980
+18:	21/0600:	13.0S 141.1E:	050 [095]:	070 [130]:	973
+24:	21/1200:	13.1S 140.8E:	065 [120]:	080 [150]:	966
+36:	22/0000:	13.5S 139.7E:	085 [155]:	090 [165]:	958
+48:	22/1200:	14.1S 138.4E:	105 [190]:	095 [175]:	952
+60:	23/0000:	14.8S 137.0E:	125 [230]:	095 [175]:	952
+72:	23/1200:	16.0S 135.4E:	140 [265]:	060 [110]:	980
+96:	24/1200:	19.1S 134.1E:	185 [345]:	030 [055]:	1002

+120： 25/1200： 21.0S 135.5E： 275 [505]： 025 [045]： 1002

REMARKS:

Tropical cyclone Trevor remains a marginal category 1 cyclone, located just over land near Weipa on the western side of Cape York Peninsula. The centre was located with high confidence using Weipa radar and infrared satellite imagery. Satellite and radar imagery shows that deeper convection has weakened over the last six hours near the circulation centre, but is showing signs of improvement as we enter the favourable overnight period..

The environment remains extremely favourable for re-intensification as tropical cyclone Trevor moves offshore tonight, with low vertical wind shear and SSTs around 30-31C. Rapid re-intensification is therefore considered likely. NWP models are in agreement of a much larger and intense system developing once it pushes further west over central Gulf of Carpentaria waters. A short wave upper trough is pushing across southern Queensland, hence the slow movement of the cyclone in the short term, but as a stronger sub-tropical ridge develops over the interior of the Australian continent during Thursday, the cyclone should start to develop a more steady west-southwestwards track. A land impact as a severe tropical cyclone appears highly likely later in the week or weekend on the Northern Territory side of the Gulf of Carpentaria.

Copyright Commonwealth of Australia

==

The next bulletin for this system will be issued by： 20/2000 UTC by Darwin TCWC.

6.2.1.2 报头解析

报文：AXAU01 ADRM 201355

序号：01 02 03 04

报文：IDD20020

序号： 05

报文：TROPICAL CYCLONE TECHNICAL BULLETIN： AUSTRALIA - NORTHERN REGION

序号： 06 07

报文：Issued by DARWIN TROPICAL CYCLONE WARNING CENTRE

序号： 08

报文：at: 1355 UTC 20/03/2019

序号： 09

报头逐词解析见表 6.1。

表 6.1 报文实例 1 报头逐词解析

序号	要素含义
01	简式报头中的 TT；AX
02	简式报头中的 AA；AU 表示：报文涉及澳大利亚

续表

序号	要素含义
03	编报中心代码；ADRM 表示：TCWC ADRM 热带气旋警报中心
04	编报日期时间 DDHHMM（UTC）；表示：20 日 13 时 55 分
05	澳大利亚报文类型编码，IDD20020，澳大利亚北部地区
06	澳大利亚报文类型，Tropical Cyclone Technical Bulletin
07	公报内容涉及地区，澳大利亚北部地区
08	发报的编报中心，TCWC ADRM 热带气旋警报中心（Darwin 编报中心）
09	发报时间，HHMM UTC DD/MM/YYYY，表示世界时 2019 年 03 月 20 日 13 时 55 分

6.2.1.3 观测部分

报文：Name: Tropical Cyclone Trevor

序号： 01

报文：Identifier: 20U

序号： 02

报文：Data At: 1200 UTC

序号： 03

报文：Latitude: 12.9S

序号： 04

报文：Longitude: 141.8E

序号： 05

报文：Location Accuracy: within 15 nm [30 km]

序号： 06

报文：Movement Towards: northwest [316 deg]

序号： 07

报文：Speed of Movement: 1 knots [3 km/h]

序号： 08

报文：Maximum 10-Minute Wind: 35 knots [65 km/h]

序号： 09

报文：Maximum 3-Second Wind Gust: 50 knots [95 km/h]

序号： 10

报文：Central Pressure: 991 hPa

序号： 11

报文：Radius of 34-knot winds NE quadrant: 25 nm [45 km]

报文：Radius of 34-knot winds SE quadrant: 25 nm [45 km]

报文：Radius of 34-knot winds SW quadrant: 30 nm [55 km]

报文：Radius of 34-knot winds NW quadrant: 30 nm [55 km]

序号： 12

报文：Radius of 48-knot winds NE quadrant:

报文：Radius of 48-knot winds SE quadrant:

报文：Radius of 48-knot winds SW quadrant:

报文：Radius of 48-knot winds NW quadrant:

序号：　　　　13

报文：Radius of 64-knot winds:

序号：　　　　14

报文：Radius of Maximum Winds: 10 nm [20 km]

序号：　　　　15

报文：Dvorak Intensity Code: Over Land

序号：　　　　16

报文：Pressure of outermost isobar: 1006 hPa

序号：　　　　17

报文：Radius of outermost closed isobar: 150 nm [280 km]

序号：　　　　18

观测部分逐词解析见表 6.2。

表 6.2　报文实例 1 观测部分逐词解析

序号	要素含义
01	台风名
02	标识符
03	观测时间，世界时 12 时
04	实况纬度，南纬 12.9 度
05	实况经度，东经 141.8 度
06	位置精度，15 海里以内
07	移向，西北，316 度
08	移速，1 节
09	最大风速，35 节
10	极大风速，50 节
11	中心气压，991 百帕
12	34 节的风圈半径，东北 25 海里，东南 25 海里，西南 30 海里，西北 30 海里
13	48 节的风圈半径
14	64 节的风圈半径
15	最大风半径，10 海里
16	现时强度指数，在陆面
17	最外层等压线气压，1006 百帕
18	最外层封闭等压线半径，150 海里

6.2.1.4　预报部分

报文：FORECAST DATA

序号：　　01

报文：Date/Time　　: Location　　:　Loc. Accuracy:　　Max Wind　　:　Central Pressure

报文：[UTC]　　　　: degrees　　:　nm　[km]　:　　knots[km/h]　:　　　hPa

报文：+06:　20/1800:　12.9S 141.5E:　025 [050]:　　045　[085]:　　987

+12:　21/0000:　12.9S 141.3E:　040 [070]:　　060　[110]:　　980

+18:　21/0600:　13.0S 141.1E:　050 [095]:　　070　[130]:　　973

+24:　21/1200:　13.1S 140.8E:　065 [120]:　　080　[150]:　　966

+36:　22/0000:　13.5S 139.7E:　085 [155]:　　090　[165]:　　958

+48:　22/1200:　14.1S 138.4E:　105 [190]:　　095　[175]:　　952

+60:　23/0000:　14.8S 137.0E:　125 [230]:　　095　[175]:　　952

+72:　23/1200:　16.0S 135.4E:　140 [265]:　　060　[110]:　　980

+96:　24/1200:　19.1S 134.1E:　185 [345]:　　030　[055]:　　1002

+120: 25/1200:　21.0S 135.5E:　275 [505]:　　025　[045]:　　1002

序号：　02　　　03　　　04　　　05　　　06

预报部分逐词解析见表 6.3。

表 6.3　报文实例 1 预报部分逐词解析

序号	要素含义
01	固定字段，预报数据
02	预报时效，世界时表示
03	各预报时效对应的经纬度位置
04	各预报时效对应的位置精度，单位为海里或千米
05	最大风速，单位为节或千米/时
06	中心气压，单位为百帕

6.2.1.5　相关信息

澳大利亚编发内容为热带气旋技术公告（Tropical Cyclone Technical Bulletin），共涉及 3 个 TCWC 中心，分别是 ADRM、APRF、ABRF 编报中心，这三个中心对应管理北部地区（NT）、西部地区（WA）、东部地区（QLD），在编发技术公告时，使用的澳大利亚报文类型编码见表 6.4。

表 6.4　报文类型对应编码

报文类型名称	描述地区	报文类型编码
Tropical Cyclone Technical Bulletin	西部地区（WA）	IDW27600
		IDW27700
		IDW27800

续表

报文类型名称	描述地区	报文类型编码
Tropical Cyclone Technical Bulletin	北部地区（NT）	IDD20020
		IDD20021
	东部地区（QLD）	IDQ20018
		IDQ20068
		IDQ20069

6.2.2 报文实例 2：美国 KNHC、PGUM

6.2.2.1 报文内容

AXPZ20 KNHC 220239
TWDEP
Tropical Weather Discussion
NWS National Hurricane Center Miami FL
0405 UTC Fri Jul 21 2023
Tropical Weather Discussion for the eastern Pacific Ocean from
03.4S to 30N, east of 120W including the Gulf of California, and
from the Equator to 30N, between 120W and 140W. The following
information is based on satellite imagery, weather observations,
radar, and meteorological analysis.
Based on 0000 UTC surface analysis and satellite imagery through
0100 UTC.
...SPECIAL FEATURES...
Tropical Depression Four-E is centered near 16.1N 126.8W at
22/0300 UTC moving WNW at 13 kt. Estimated minimum central
pressure is 1007 mb. Maximum sustained wind speed is 30 kt with
gusts to 40 kt. Seas to 11 ft are still expected across the
northern semicircle. The depression is sheared with only
isolated to widely scattered moderate convection occurring from
14N to 21N between 116W and 125W. The depression is forecast to
become post-tropical by this time tomorrow, then dissipate by
this time Sun. Please read the latest NHC Public Advisory at
https: //www.nhc.noaa.gov/text/MIATCPEP4.shtml and Forecast/
Advisory at https: //www.nhc.noaa.gov/text/MIATCMEP4.shtml for
more details.
...TROPICAL WAVE...
The axis of a tropical wave is near 79W/80W from the western

Caribbean Sea southward to across the Gulf of Panama, N of 07N, moving west around 15 kt. A large area of convection is near the southern portion of the tropical wave and is described below.
The axis of a tropical wave is near 96W/97W, N of 03N to across S Mexico, just W of the Gulf of Tehuantepec region, moving west around 15 to 20 kt. Nearby conveciton is described below.
The axis of a tropical wave is near 109W/110W, N of 05N, moving west around 15 to 20 kt. Scattered moderate convection is noted from 07N to 10N between 105W and 109W.
...INTERTROPICAL CONVERGENCE ZONE/MONSOON TROUGH...
The monsoon trough extends from 10N86W to 07N100W. The ITCZ extends from 07N100W to 07N108W, then from 07N110W to 11N120W, then resumes W of Tropical Depression Four-E near 11N130W to beyond 08N140W. Aside from convection noted above, numerous moderate scattered strong convection is noted from 01N to 10N between 77W and 88W. Scattered moderate isolated strong convection is noted from 04N to 08N between 88W and 100W, and from 03N to 14N between 113W and 120W.
...OFFSHORE WATERS WITHIN 250 NM OF MEXICO...
Fresh to strong N winds and seas of 4-6 ft are over the Gulf of Tehuantepec. Moderate to fresh southerly winds and seas to 3 ft prevail across the Gulf of California from 27N to 30N, while light to gentle winds and seas of 1-3 ft are noted elsewhere.
Otherwise, gentle to moderate winds prevail under a weak NW to SE ridge across the waters, except locally fresh near shore Baja California Norte N of Punta Eugenia, with seas of 3-5 ft, except 4-6 ft offshore Baja California Norte.
For the forecast, the Tehuantepec fresh to strong gap winds will prevail through early Sat, then moderate to fresh winds will prevail through Mon, possibly becoming pulsing again to strong at night beginning Mon night. Moderate winds will prevail in the Gulf of California through next week, with periods of fresh to strong southerly winds, especially if convection develops in the vicinity. Elsewhere, gentle to moderate winds will prevail. A set of NW swell may build seas to around 7 ft offshore Baja California Norte early next week.
...OFFSHORE WATERS WITHIN 250 NM OF CENTRAL AMERICA, COLOMBIA, AND WITHIN 750 NM OF ECUADOR...
Very deep convection as described above prevails from offshore

northern Ecuador to offshore Colombia, Panama, and southern Costa Rica, potentially leading to locally higher winds and seas.
Moderate to fresh NE to E winds and seas of 4-6 ft are noted over and downwind of the Gulf of Papagayo region. Mainly gentle to moderate winds prevail elsewhere, except light to gentle N of the Papagayo region, along with seas of 3-5 ft, except 4-6 ft between Ecuador and the Galapagos Islands.
For the forecast, a surge of fresh to strong winds associated with deep convection may impact the waters offshore Colombia to Azuero Peninsula and southern Costa Rica through Sat night. This activity and associated conditions may then shift W-NW to offshore Nicaragua, El Salvador and Guatemala through Mon. Fresh to strong NE to E winds in the Papagayo region will pulse each night/early morning through the forecast period. Elsewhere, gentle to moderate winds will prevail along with slight to moderate seas. Seas may build to around 7 ft S of the Galapagos Islands Mon night through at least Wed night in SW swell.
...REMAINDER OF THE AREA...
Please see the Special Features for more details on Tropical Depression Four-E.
Aside from T.D. Four-E, surface ridging prevails north of the monsoon trough and ITCZ. Moderate to fresh trades are noted N of 10N and W of 130W, where seas are 5-7 ft. Gentle to moderate winds dominate the remainder of the open waters, including S of the monsoon trough and ITCZ, along with seas of 4-6 ft, except 6-7 ft in S-SW swell S of the Equator and W of 105W.
For the forecast, T.D. Four-E will move to 16.5N 128.5W Sat morning, become a remnant low and move to 17.0N 130.6W Sat evening, move to 17.3N 132.5W Sun morning, and dissipate Sun evening. Elsewhere, moderate to fresh winds with moderate seas can be expected N of the convergence zone and W of 130W, with gentle to moderate winds elsewhere through the upcoming weekend and into early next week. Moderate seas will prevail, building to around 8 ft S of the Equator and W of 95W early next week.
$$

6.2.2.2 报头解析

报文：AXPZ20 KNHC 220239

序号：0102 03 04

报文：TWDEP

序号：　05

报文：Tropical Weather Discussion

序号：　06

报文：NWS National Hurricane Center Miami FL

序号：　07

报文：0405 UTC Fri Jul 21 2023

序号：　08

报头逐词解析见表 6.5。

表 6.5　报文实例 2 报头逐词解析

序号	要素含义
01	简式报头中的 TT；AX
02	简式报头中的 AA；PZ 表示：报文涉及东太平洋海域
03	编报中心代码；KNHC 表示：RSMC KNHC 热带气旋区域中心
04	编报日期时间 DDHHMM（UTC）；表示 22 日 02 时 39 分
05	美国报文类型+区域，TWD 表示 Tropical Weather Discussion，EP 表示 eastern Pacific Ocean
06	美国报文类型，Tropical Weather Discussion
07	编报中心全称
08	发报时间，HHMM UTC DD/MM/YYYY，表示世界时 2023 年 07 月 21 日 04 时 05 分，周五

6.2.2.3　讨论区域涉及台风部分（报文节选）

报文：Tropical Weather Discussion for the eastern Pacific Ocean from 03.4S to 30N, east of 120W including the Gulf of California, and from the Equator to 30N, between 120W and 140W. The following information is based on satellite imagery, weather observations, radar, and meteorological analysis.

序号：　01

报文：Based on 0000 UTC surface analysis and satellite imagery through 0100 UTC.

序号：　02

报文：...SPECIAL FEATURES...

序号：　03

报文：Tropical Depression Four-E is centered near 16.1N 126.8W at

序号：　04　05

报文：22/0300 UTC moving WNW at 13 kt. Estimated minimum central

序号：　06

报文：pressure is 1007 mb. Maximum sustained wind speed is 30 kt with

序号：07 08

报文：gusts to 40 kt. Seas to 11 ft are still expected across the

序号：09

报文：northern semicircle. The depression is sheared with only isolated to widely scattered moderate convection occurring from 14N to 21N between 116W and 125W. The depression is forecast to become post-tropical by this time tomorrow, then dissipate by this time Sun. Please read the latest NHC Public Advisory at

序号：10

报文：https：//www.nhc.noaa.gov/text/MIATCPEP4.shtml and Forecast/ Advisory at https：//www.nhc.noaa.gov/text/MIATCMEP4.shtml for more details.

序号：11

涉及台风部分逐词解析见表 6.6。

表 6.6 报文实例 2 台风部分逐词解析

序号	要素含义
01	固定段落，表示东太平洋涉及范围
02	固定字段，表示 TWD 报的信息来源
03	固定字段，表示区域涉及台风部分
04	固定字段，简述台风等级及台风名
05	中心位置，在 22 日 03 时（UTC）是北纬 16.1 度，西经 126.8 度
06	移向移速，向 WNW 方向以 13 节的速度前进
07	中心气压，1007 百帕
08	最大风速，30 节
09	极大风速，40 节
10	台风未来发展分析
11	相关推荐报文及链接

6.2.2.4 相关信息

美国在编发内容为热带天气讨论（Tropical Weather Discussion），共涉及 2 个编报中心，分别是 KNHC、PGUM 编报中心，这 2 个中心对应管理 Atlantic Basin、Eastern Pacific、Western North Pacific，在编发天气讨论时，使用的美国报文报头编码见表 6.7。

表 6.7 报文类型对应编码

报文类型名称	描述地区	报文报头编码
Tropical Weather Discussion	Atlantic Basin	AXNT20 KNHC
	Eastern Pacific Ocean	AXPZ20 KNHC
	Western North Pacific Ocean	AXPQ20 PGUM

6.2.3 报文实例 3：日本 RJTD

6.2.3.1 报文内容

AXPQ20 RJTD 300000

RSMC TROPICAL CYCLONE BEST TRACK

NAME 1809 SON-TINH (1809)

PERIOD FROM JUL1600UTC TO JUL2418UTC

1600 18.4N 125.3E 1000HPA //KT 1606 18.6N 124.0E 998HPA //KT

1612 18.9N 122.4E 998HPA //KT 1618 19.3N 120.8E 998HPA //KT

1700 19.4N 118.5E 996HPA 35KT 1706 19.2N 115.9E 996HPA 35KT

1712 19.0N 113.6E 994HPA 40KT 1718 18.8N 111.3E 994HPA 40KT

1800 18.6N 109.3E 996HPA 35KT 1806 18.8N 107.9E 994HPA 40KT

1812 18.8N 106.8E 994HPA 40KT 1818 18.8N 105.6E 994HPA 35KT

1900 19.1N 104.4E 998HPA //KT 1906 19.5N 103.3E 1000HPA //KT

1912 19.5N 102.9E 1000HPA //KT 1918 19.6N 103.4E 1000HPA //KT

2000 19.8N 103.9E 1002HPA //KT 2006 20.1N 104.3E 1000HPA //KT

2012 20.4N 104.6E 1000HPA //KT 2018 20.4N 105.1E 1000HPA //KT

2100 20.2N 105.5E 1000HPA //KT 2106 19.9N 106.0E 998HPA //KT

2112 19.7N 106.6E 998HPA //KT 2118 19.5N 107.1E 996HPA //KT

2200 19.3N 107.6E 996HPA //KT 2206 19.1N 108.2E 996HPA //KT

2212 19.1N 109.0E 994HPA //KT 2218 19.5N 109.5E 994HPA //KT

2300 19.9N 109.9E 996HPA //KT 2306 20.4N 110.4E 994HPA //KT

2312 20.7N 110.7E 994HPA //KT 2318 21.2N 110.7E 994HPA //KT

2400 22.1N 109.5E 998HPA //KT 2406 22.6N 108.9E 998HPA //KT

2412 23.1N 108.3E 998HPA //KT 2418 23.6N 107.6E 1000HPA //KT

REMARKS

TD FORMATION AT JUL1600UTC

FROM TD TO TS AT JUL1700UTC

FROM TS TO TD AT JUL1900UTC

DISSIPATION AT JUL2500UTC=

6.2.3.2 报头解析

报文：AXPQ20 RJTD 300000

序号：01 02 03 04

报文：RSMC TROPICAL CYCLONE BEST TRACK

序号： 05

报文：NAME 1809 SON-TINH (1809)

序号： 06

报文：PERIOD FROM JUL1600UTC TO JUL2418UTC

序号： 07

报头逐词解析见表 6.8。

表 6.8 报文实例 3 报头逐词解析

序号	要素含义
01	简式报头中的 TT；AX
02	简式报头中的 AA；PQ 表示：报文涉及西北太平洋海域
03	编报中心代码；RJTD 表示：RSMC RJTD 热带气旋区域中心
04	编报日期时间 DDHHMM（UTC)；表示 30 日 00 时 00 分
05	报文类型，RSMC TROPICAL CYCLONE BEST TRACK 表示最佳路径报
06	台风名及台风编号，这里表示 2018 年第 9 号台风 SON-TINH
07	台风过程起止时间，世界时 07 月 16 日 00 时至 07 月 24 日 18 时

6.2.3.3 最佳路径部分（节选）

报文：1600 18.4N 125.3E 1000HPA //KT 1606 18.6N 124.0E 998HPA //KT

报文：1612 18.9N 122.4E 998HPA //KT 1618 19.3N 120.8E 998HPA //KT

报文：1700 19.4N 118.5E 996HPA 35KT 1706 19.2N 115.9E 996HPA 35KT

序号： 01 02 03 04

……

报文：2412 23.1N 108.3E 998HPA //KT 2418 23.6N 107.6E 1000HPA //KT

最佳路径部分逐词解析见表 6.9。

表 6.9 报文实例 3 最佳路径逐词解析

序号	要素含义
01	发生时间 DDHH，表示 17 日 00 时
02	台风中心坐标，北纬 19.4 度，东经 118.5 度
03	中心气压，996 百帕
04	移动速度，35 节，未达到 35 节的移速用“//”表示

6.2.3.4　备注台风生消部分

报文：REMARKS
序号：　　01
报文：TD FORMATION AT JUL1600UTC
序号：　　　　02
报文：FROM TD TO TS AT JUL1700UTC
序号：　　　　03
报文：FROM TS TO TD AT JUL1900UTC
序号：　　　　04
报文：DISSIPATION AT JUL2500UTC=
序号：　　　　05　　　　　06

台风生消部分逐词解析见表 6.10。

表 6.10　报文实例 3 台风生消部分逐词解析

序号	要素含义
01	固定字段，备注标识
02	TD（热带低压）生成时间，7 月 16 日 00 时（UTC）
03	由 TD 升级为 TS（热带风暴）时间，7 月 17 日 00 时（UTC）
04	由 TS 降级为 TD 时间，7 月 19 日 00 时（UTC）
05	台风消亡时间，7 月 25 日 00 时（UTC）
06	报文结束符，“=”表示

注：TD、TS 等标识意义及等级参见表 1.3。

第 7 章　FO 报文

根据 WMO-No.386 文件，T_1T_2= “FO” 的报文，其中，F =Forecasts，O=Guidance，目前编发 FO 报文且可接收的国家仅为美国。通过分析 FO 报头发现，其中，KNHC、PHFO 编报中心编发内容为热带气旋地面风速概率报(Tropical Cyclone Surface Wind Speed Probabilities)，提供了持续风速等于或超过 34 节、50 节和 64 节风速阈值的概率，以百分比表示。这些是基于风轨迹、强度和结构的预测和不确定分析，计算出沿海和内陆城市以及近海位置的风速概率。

产品覆盖所有大西洋和东太平洋飓风过程，潜在热带低压和后飓风过程，并在世界时 03 时、09 时、15 时和 21 时发布。当飓风过程发生重大变化时，比如过程升级，可随时发布特别热带气旋地面风速概率报。

由于 WMO 没有统一的格式，本章依旧是用报文实例说明解析；逐要素字段解析含义。同时，上述报文可以通过报头进行识别，具体将在“7.2.1.5 相关信息”给出。

7.1　报文结构

FO 报属美国自定义编报，报文格式固定。下面依旧根据目前通过 GTS 可接收到的报文，进行实例分析；逐要素字段解析含义，并对报文相关内容进行总结说明。

7.2　报文解析

7.2.1[①]　报文实例 1：美国 KNHC、PHFO

7.2.1.1　报文内容

```
FONT11 KNHC 212051
POTENTIAL TROPICAL CYCLONE SIXTEEN
WIND SPEED PROBABILITIES NUMBER    2
```

① 为使读者阅读方便，本书中报文实例仅有 1 个章节也呈现节名，如有第 7.2.1 节，但无第 7.2.2 节，下同。

NWS NATIONAL HURRICANE CENTER MIAMI FL AL162023
2100 UTC THU SEP 21 2023
AT 2100Z THE CENTER OF POTENTIAL TROPICAL CYCLONE SIXTEEN WAS
LOCATED NEAR LATITUDE 29.2 NORTH...LONGITUDE 75.9 WEST WITH MAXIMUM
SUSTAINED WINDS NEAR 30 KTS...35 MPH...55 KM/H.
Z INDICATES COORDINATED UNIVERSAL TIME (GREENWICH)
ATLANTIC STANDARD TIME (AST)...SUBTRACT 4 HOURS FROM Z TIME
EASTERN DAYLIGHT TIME (EDT)...SUBTRACT 4 HOURS FROM Z TIME
CENTRAL DAYLIGHT TIME (CDT)...SUBTRACT 5 HOURS FROM Z TIME
WIND SPEED PROBABILITY TABLE FOR SPECIFIC LOCATIONS
CHANCES OF SUSTAINED (1-MINUTE AVERAGE) WIND SPEEDS OF AT LEAST
...34 KT (39 MPH... 63 KM/H)...
...50 KT (58 MPH... 93 KM/H)...
...64 KT (74 MPH...119 KM/H)...
FOR LOCATIONS AND TIME PERIODS DURING THE NEXT 5 DAYS
PROBABILITIES FOR LOCATIONS ARE GIVEN AS OP(CP) WHERE
OP IS THE PROBABILITY OF THE EVENT BEGINNING DURING
AN INDIVIDUAL TIME PERIOD (ONSET PROBABILITY)
(CP) IS THE PROBABILITY OF THE EVENT OCCURRING BETWEEN
18Z THU AND THE FORECAST HOUR (CUMULATIVE PROBABILITY)
PROBABILITIES ARE GIVEN IN PERCENT
X INDICATES PROBABILITIES LESS THAN 1 PERCENT
PROBABILITIES FOR 34 KT AND 50 KT ARE SHOWN AT A GIVEN LOCATION WHEN
THE 5-DAY CUMULATIVE PROBABILITY IS AT LEAST 3 PERCENT.
PROBABILITIES FOR 34...50...64 KT SHOWN WHEN THE 5-DAY
64-KT CUMULATIVE PROBABILITY IS AT LEAST 1 PERCENT.
- - - - WIND SPEED PROBABILITIES FOR SELECTED LOCATIONS - - - -

TIME PERIODS		FROM 00Z SAT TO 12Z SAT	FROM 12Z SAT TO 00Z SUN	FROM 00Z SUN TO 12Z SUN	FROM 12Z SUN TO 00Z MON	FROM 00Z MON TO 00Z TUE	FROM 00Z TUE TO 00Z WED	FROM 00Z WED TO 00Z THU
FORECAST HOUR		(12)	(24)	(36)	(48)	(72)	(96)	(120)
LOCATION	KT							
MONTAUK POINT	34	X	X(X)	1(1)	3(4)	X(4)	X(4)	X(4)
ISLIP NY	34	X	X(X)	X(X)	3(3)	X(3)	X(3)	X(3)
NYC JFK AIRPRT	34	X	1(1)	2(3)	5(8)	X(8)	X(8)	X(8)
NYC CNTRL PARK	34	X	X(X)	X(X)	3(3)	X(3)	X(3)	X(3)

NEWARK NJ	34	X	X(X)	X(X)	3(3)	X(3)	X(3)	X(3)
TRENTON NJ	34	X	X(X)	1(1)	5(6)	X(6)	X(6)	X(6)
NWS EARLE NJ	34	X	X(X)	1(1)	5(6)	X(6)	X(6)	X(6)
ALLENTOWN PA	34	X	X(X)	1(1)	3(4)	X(4)	X(4)	X(4)
PHILADELPHIA	34	X	X(X)	3(3)	5(8)	X(8)	X(8)	X(8)
ATLANTIC CITY	34	X	1(1)	2(3)	7(10)	X(10)	X(10)	X(10)
BALTIMORE MD	34	X	3(3)	7(10)	5(15)	X(15)	X(15)	X(15)
DOVER DE	34	X	3(3)	6(9)	6(15)	X(15)	X(15)	X(15)
ANNAPOLIS MD	34	X	6(6)	9(15)	4(19)	X(19)	X(19)	X(19)
WASHINGTON DC	34	X	6(6)	9(15)	3(18)	X(18)	X(18)	X(18)
CAPE HENLOPEN	34	6	8(14)	7(21)	7(28)	X(28)	X(28)	X(28)
CAPE HENLOPEN	50	X	X(X)	1(1)	4(5)	X(5)	X(5)	X(5)
CAPE HENLOPEN	64	X	X(X)	X(X)	1(1)	X(1)	X(1)	X(1)
OCEAN CITY MD	34	11	10(21)	5(26)	6(32)	X(32)	X(32)	X(32)
OCEAN CITY MD	50	X	X(X)	1(1)	4(5)	X(5)	X(5)	X(5)
OCEAN CITY MD	64	X	X(X)	X(X)	1(1)	X(1)	X(1)	X(1)
PAX RIVER NAS	34	3	17(20)	11(31)	3(34)	X(34)	X(34)	X(34)
WALLOPS CDA	34	17	18(35)	5(40)	3(43)	X(43)	X(43)	X(43)
WALLOPS CDA	50	X	X(X)	2(2)	2(4)	X(4)	X(4)	X(4)
CHARLOTTESVIL	34	X	10(10)	3(13)	X(13)	X(13)	X(13)	X(13)
RICHMOND VA	34	13	38(51)	6(57)	1(58)	X(58)	X(58)	X(58)
DANVILLE VA	34	2	6(8)	X(8)	X(8)	X(8)	X(8)	X(8)
NORFOLK NAS	34	59	20(79)	X(79)	1(80)	X(80)	X(80)	X(80)
NORFOLK VA	34	68	14(82)	1(83)	X(83)	X(83)	X(83)	X(83)
OCEANA NAS VA	34	75	12(87)	X(87)	1(88)	X(88)	X(88)	X(88)
OCEANA NAS VA	50	X	1(1)	2(3)	X(3)	X(3)	X(3)	X(3)
ELIZABETH CTY	34	99	X(99)	X(99)	X(99)	X(99)	X(99)	X(99)
RALEIGH NC	34	21	12(33)	X(33)	X(33)	X(33)	X(33)	X(33)
ROCKY MT NC	34	86	4(90)	X(90)	X(90)	X(90)	X(90)	X(90)
ROCKY MT NC	50	2	12(14)	X(14)	X(14)	X(14)	X(14)	X(14)
CAPE HATTERAS	34	99	X(99)	X(99)	X(99)	X(99)	X(99)	X(99)
FAYETTEVILLE	34	37	2(39)	X(39)	X(39)	X(39)	X(39)	X(39)
CHERRY PT NC	34	99	X(99)	X(99)	X(99)	X(99)	X(99)	X(99)
CHERRY PT NC	50	12	X(12)	X(12)	X(12)	X(12)	X(12)	X(12)
NEW RIVER NC	34	99	X(99)	X(99)	X(99)	X(99)	X(99)	X(99)
NEW RIVER NC	50	5	X(5)	X(5)	X(5)	X(5)	X(5)	X(5)
MOREHEAD CITY	34	99	X(99)	X(99)	X(99)	X(99)	X(99)	X(99)
MOREHEAD CITY	50	10	1(11)	X(11)	X(11)	X(11)	X(11)	X(11)

MOREHEAD CITY　64　2　X(2)　X(2)　X(2)　X(2)　X(2)　X(2)
SURF CITY NC　34 99　X(99)　X(99)　X(99)　X(99)　X(99)　X(99)
SURF CITY NC　50 62　1(63)　X(63)　X(63)　X(63)　X(63)　X(63)
SURF CITY NC　64　2　X(2)　X(2)　X(2)　X(2)　X(2)　X(2)
WILMINGTON NC　34 99　X(99)　X(99)　X(99)　X(99)　X(99)　X(99)
WILMINGTON NC　50 25　X(25)　X(25)　X(25)　X(25)　X(25)　X(25)
BALD HEAD ISL　34 99　X(99)　X(99)　X(99)　X(99)　X(99)　X(99)
BALD HEAD ISL　50　6　X(6)　X(6)　X(6)　X(6)　X(6)　X(6)
LITTLE RIVER　34 66　X(66)　X(66)　1(67)　X(67)　X(67)　X(67)
MYRTLE BEACH　34 30　X(30)　X(30)　1(31)　X(31)　X(31)　X(31)
GEORGETOWN SC　34　3　X(3)　X(3)　X(3)　X(3)　X(3)　X(3)
CHARLESTON SC　34　4　1(5)　X(5)　X(5)　X(5)　X(5)　X(5)
BEAUFORT MCAS　34　3　X(3)　X(3)　X(3)　X(3)　X(3)　X(3)
$$

7.2.1.2　报头部分

报文：FONT11 KNHC 212051
序号：01 02　03　04
报文：POTENTIAL TROPICAL CYCLONE SIXTEEN
序号：05
报文：WIND SPEED PROBABILITIES NUMBER　2
序号：06
报文：NWS NATIONAL HURRICANE CENTER MIAMI FL　AL162023
序号：07　08
报文：2100 UTC THU SEP 21 2023
序号：09

报头部分逐词解析见表 7.1。

表 7.1　报文实例 1 报头部分逐词解析

序号	要素含义
01	简式报头中的 TT：FO
02	简式报头中的 AA；NT 表示：报文涉及北大西洋海域
03	编报中心代码；KNHC 表示：RSMC KNHC 热带气旋区域中心
04	编报日期时间 DDHHMM（UTC）；表示 21 日 20 时 51 分
05	台风过程的状态，包括：飓风过程，潜在热带低压还是后飓风过程，本报文为潜在
06	报文类型及编号，风速概率报第 2 份
07	编报中心全称
08	台风编号，AL 代表大西洋，162023，表示 2023 年第 16 次台风过程
09	发报时间，表示当地时间 2023 年 09 月 21 日 21 时 00 分，周四

7.2.1.3 固定内容

报文：AT 2100Z THE CENTER OF POTENTIAL TROPICAL CYCLONE SIXTEEN WAS

序号：01

报文：LOCATED NEAR LATITUDE 29.2 NORTH...LONGITUDE 75.9 WEST WITH MAXIMUM

序号：02

报文：SUSTAINED WINDS NEAR 30 KTS...35 MPH...55 KM/H.

序号：03

报文：Z INDICATES COORDINATED UNIVERSAL TIME (GREENWICH)

报文：ATLANTIC STANDARD TIME (AST)...SUBTRACT 4 HOURS FROM Z TIME

报文：EASTERN DAYLIGHT TIME (EDT)...SUBTRACT 4 HOURS FROM Z TIME

报文：CENTRAL DAYLIGHT TIME (CDT)...SUBTRACT 5 HOURS FROM Z TIME

报文：WIND SPEED PROBABILITY TABLE FOR SPECIFIC LOCATIONS

报文：CHANCES OF SUSTAINED (1-MINUTE AVERAGE) WIND SPEEDS OF AT LEAST

报文：...34 KT (39 MPH... 63 KM/H)...

报文：...50 KT (58 MPH... 93 KM/H)...

报文：...64 KT (74 MPH...119 KM/H)...

报文：FOR LOCATIONS AND TIME PERIODS DURING THE NEXT 5 DAYS

报文：PROBABILITIES FOR LOCATIONS ARE GIVEN AS OP(CP) WHERE

报文：OP IS THE PROBABILITY OF THE EVENT BEGINNING DURING

报文：AN INDIVIDUAL TIME PERIOD (ONSET PROBABILITY)

报文：(CP) IS THE PROBABILITY OF THE EVENT OCCURRING BETWEEN

报文：18Z THU AND THE FORECAST HOUR (CUMULATIVE PROBABILITY)

报文：PROBABILITIES ARE GIVEN IN PERCENT

报文：X INDICATES PROBABILITIES LESS THAN 1 PERCENT

报文：PROBABILITIES FOR 34 KT AND 50 KT ARE SHOWN AT A GIVEN LOCATION WHEN

报文：THE 5-DAY CUMULATIVE PROBABILITY IS AT LEAST 3 PERCENT.

报文：PROBABILITIES FOR 34...50...64 KT SHOWN WHEN THE 5-DAY

报文：64-KT CUMULATIVE PROBABILITY IS AT LEAST 1 PERCENT.

序号：04

固定内容逐词解析见表 7.2。

表 7.2 报文实例 1 固定内容逐词解析

序号	要素含义
01	固定字段，表示观测的时间
02	固定字段，表示当前台风位置，北纬 29.2 度，西经 75.9 度
03	固定字段，表示当前台风最大持续风，30 节
04	固定字段，介绍数据计算的方法和单位换算

7.2.1.4 预报数据（报文节选）

报文： - - - - WIND SPEED PROBABILITIES FOR SELECTED LOCATIONS - - - -

报文： FROM FROM FROM FROM FROM FROM FROM

报文： TIME 18Z THU 06Z FRI 18Z FRI 06Z SAT 18Z SAT 18Z SUN 18Z MON

报文：PERIODS TO TO TO TO TO TO TO

报文： 06Z FRI 18Z FRI 06Z SAT 18Z SAT 18Z SUN 18Z MON 18Z TUE

报文：FORECAST HOUR (12) (24) (36) (48) (72) (96) (120)

序号： 01

报文：LOCATION KT

序号： 02

报文：NANTUCKET MA 34 X X(X) X(X) X(X) X(X) 3(3) X(3)

序号： 03

报文：PROVIDENCE RI 34 X X(X) X(X) X(X) 1(1) 3(4) X(4)

报文：MONTAUK POINT 34 X X(X) X(X) X(X) 2(2) 4(6) X(6)

报文：NYC JFK AIRPRT 34 X X(X) X(X) 1(1) 4(5) 4(9) X(9)

报文：NYC CNTRL PARK 34 X X(X) X(X) X(X) 1(1) 2(3) X(3)

报文：NEWARK NJ 34 X X(X) X(X) X(X) 2(2) 1(3) X(3)

报文：TRENTON NJ 34 X X(X) X(X) 1(1) 2(3) 1(4) X(4)

报文：NWS EARLE NJ 34 X X(X) X(X) X(X) 2(2) 1(3) X(3)

报文：ALLENTOWN PA 34 X X(X) X(X) X(X) 2(2) 1(3) X(3)

报文：PHILADELPHIA 34 X X(X) X(X) 1(1) 2(3) 1(4) X(4)

报文：ATLANTIC CITY 34 X X(X) X(X) 1(1) 2(3) 2(5) X(5)

报文：BALTIMORE MD 34 X X(X) X(X) 1(1) 4(5) X(5) X(5)

报文：DOVER DE 34 X X(X) X(X) 1(1) 4(5) 1(6) X(6)

报文：ANNAPOLIS MD 34 X X(X) X(X) 2(2) 4(6) X(6) X(6)

报文：WASHINGTON DC 34 X X(X) X(X) 2(2) 5(7) X(7) X(7)

报文：CAPE HENLOPEN 34 X X(X) 1(1) 6(7) 11(18) 3(21) X(21)

报文：OCEAN CITY MD 34 X X(X) 3(3) 7(10) 11(21) 2(23) X(23)

序号： 04

报文：OCEAN CITY MD 50 X X(X) X(X) X(X) 2(2) 1(3) X(3)

序号： 05

报文：PAX RIVER NAS 34 X X(X) X(X) 3(3) 7(10) 1(11) X(11)

报文：WALLOPS CDA 34 X 1(1) 2(3) 11(14) 12(26) 2(28) X(28)

报文：WALLOPS CDA 50 X X(X) X(X) 1(1) 2(3) X(3) X(3)

报文：CHARLOTTESVIL 34 X X(X) X(X) 3(3) 3(6) X(6) X(6)

报文：RICHMOND VA 34 X X(X) 1(1) 7(8) 7(15) X(15) X(15)

报文：DANVILLE VA 34 X X(X) 1(1) 3(4) 1(5) X(5) X(5)

报文：NORFOLK NAS 34 X X(X) 1(1) 11(12) 8(20) X(20) X(20)

报文：NORFOLK VA　　34　X　X(X)　1(1)　12(13)　7(20)　X(20)　X(20)

报文：OCEANA NAS VA　34　X　2(2)　6(8)　29(37)　8(45)　1(46)　X(46)

序号：　　06

报文：OCEANA NAS VA　50　X　X(X)　X(X)　5(5)　4(9)　X(9)　X(9)

序号：　　07

报文：OCEANA NAS VA　64　X　X(X)　X(X)　1(1)　X(1)　X(1)　X(1)

序号：　　08

预报数据逐词解析见表 7.3。

表 7.3　报文实例 1 预报数据逐词解析

序号	要素含义
01	固定字段，表格的表头，表示预报时次以及时次的起止范围
02	固定字段，表格的表头，表示位置和单位
03	34 节风的发生概率，在位置为 NANTUCKET MA 的地方，未来 72～96 小时 34 节风的发生概率为 3%，0～96 小时累积概率 3%；未来 96～120 小时 34 节风的发生概率为 0%，0～120 小时累积概率 3%
04	34 节风的发生概率，在位置为 OCEAN CITY MD 的地方，未来 24～36 小时 34 节风的发生概率为 3%，0～36 小时累积概率 3%；未来 36～48 小时 34 节风的发生概率为 7%，0～48 小时累积概率 10%，未来 48～72 小时 34 节风的发生概率为 11%，0～72 小时累积概率 21%，未来 72～96 小时 34 节风的发生概率为 2%，0～96 小时累积概率 23%；未来 96～120 小时 34 节风的发生概率为 0%，0～120 小时累积概率 23%
05	50 节风的发生概率，在位置为 OCEAN CITY MD 的地方，未来 48～72 小时 50 节风的发生概率为 2%，0～72 小时累积概率 2%，未来 72～96 小时 50 节风的发生概率为 1%，0～96 小时累积概率 3%；未来 96～120 小时 50 节风的发生概率为 0%，0～120 小时累积概率 3%
06	34 节风的发生概率，在位置为 OCEANA NAS VA 的地方，未来 12～24 小时 34 节风的发生概率为 2%，0～24 小时累积概率 2%；未来 24～36 小时 34 节风的发生概率为 6%，0～36 小时累积概率 8%；未来 36～48 小时 34 节风的发生概率为 29%，0～48 小时累积概率 37%，未来 48～72 小时 34 节风的发生概率为 8%，0～72 小时累积概率 45%，未来 72～96 小时 34 节风的发生概率为 1%，0～96 小时累积概率 46%；未来 96～120 小时 34 节风的发生概率为 0%，0～120 小时累积概率 46%
07	50 节风的发生概率，在位置为 OCEANA NAS VA 的地方，未来 36～48 小时 50 节风的发生概率为 5%，0～48 小时累积概率 5%，未来 48～72 小时 50 节风的发生概率为 4%，0～72 小时累积概率 9%，未来 72～96 小时 50 节风的发生概率为 0%，0～96 小时累积概率 9%；未来 96～120 小时 50 节风的发生概率为 0%，0～120 小时累积概率 9%
08	64 节风的发生概率，在位置为 OCEANA NAS VA 的地方，未来 36～48 小时 64 节风的发生概率为 1%，0～48 小时累积概率 1%，未来 48～72 小时 64 节风的发生概率为 0%，0～72 小时累积概率 1%，未来 72～96 小时 64 节风的发生概率为 0%，0～96 小时累积概率 1%；未来 96～120 小时 64 节风的发生概率为 0%，0～120 小时累积概率 1%

7.2.1.5 相关信息

美国不同编报中心编发 FO 报使用的报头编码梳理，见表 7.4。

表 7.4 报文类型对应编码

报文类型名称	描述地区	报头编码
Tropical Cyclone Surface Wind Speed Probabilities	Atlantic Basin	FONT11-15 KNHC
	Eastern Pacific Ocean	FOPZ11-15 KNHC
	Central Pacific Ocean	FOPA11-15 PHFO

报头中的 ii 部分，即“11-15”，其中第 1 个 i=“1”是固定部分，而第 2 个 i=“1-5”是按台风过程编号分配；即，大西洋海域的第 1、第 6 或第 11 次台风过程的 FO 报，将按照报头“FONT11 KNHC”的方式进行编发；中太平洋海域的第 2、第 7 或第 12 次台风过程的 FO 报，将按照报头“FOPA12 PHFO”的方式进行编发，以此类推。

第 8 章　FX 报文

根据 WMO-No.386 文件，T_1T_2= “FX” 的报文，其中，F=Forecasts，X=Miscellaneous，目前没有统一的编报规则，各个国家或地区或以明码方式，或以自定义格式编发报文，同为 “FX” 报头的报文，存在内容和使用各不相同的情况，因此报文格式比较复杂。本章依旧仅根据目前通过 GTS 可接收到的台风报文作为解析实例进行分析；总结相关编报中心的报文编发格式及要素字段含义。

目前编发 FX 报文且可接收的国家有英国、日本、美国、韩国、澳大利亚、中国香港。其中，英国、日本、韩国、澳大利亚和中国香港的报文是基于全球模式、集合预报或台风预报模式给出的预报路径指导报，而美国的报文是地区的预报，包含但不限于台风过程。

8.1　报文结构

FX 报采用明码方式编发报文，虽是明码编报，但来自不同国家，又分属不同国家，所以报文结构、格式并不相同。下面依旧根据目前通过 GTS 可接收到的报文，进行实例分析；逐要素字段解析含义，并对报文相关内容进行总结说明。

8.2　报文解析

8.2.1　报文实例 1：英国 EGRR

8.2.1.1　报文内容

FXXT01 EGRR 201557

MET OFFICE TROPICAL CYCLONE GUIDANCE FOR SOUTH PACIFIC AND

SOUTH-EAST INDIAN OCEANS

GLOBAL MODEL DATA TIME 12UTC 20.03.2019

TROPICAL STORM VERONICA　ANALYSED POSITION: 15.8S 117.9E

```
VERIFYING TIME      POSITION      STRENGTH        TENDENCY
--------------      --------      --------        --------
12UTC 20.03.2019   15.8S 117.9E   MODERATE
00UTC 21.03.2019   16.4S 118.1E   STRONG     INTENSIFYING RAPIDLY
12UTC 21.03.2019   17.3S 117.6E   STRONG        LITTLE CHANGE
00UTC 22.03.2019   17.5S 117.0E   STRONG     INTENSIFYING SLIGHTLY
12UTC 22.03.2019   18.0S 116.7E   INTENSE    INTENSIFYING RAPIDLY
00UTC 23.03.2019   18.5S 116.7E   INTENSE    INTENSIFYING RAPIDLY
12UTC 23.03.2019   19.4S 117.0E   INTENSE    INTENSIFYING SLIGHTLY
00UTC 24.03.2019   20.0S 117.4E   INTENSE      WEAKENING RAPIDLY
12UTC 24.03.2019   20.3S 118.1E   INTENSE     WEAKENING SLIGHTLY
00UTC 25.03.2019   20.8S 118.7E   STRONG       WEAKENING RAPIDLY
12UTC 25.03.2019   21.0S 119.0E   MODERATE      WEAKENING RAPIDLY
00UTC 26.03.2019   21.0S 118.6E    WEAK       WEAKENING SLIGHTLY
12UTC 26.03.2019   22.1S 114.9E    WEAK       WEAKENING SLIGHTLY
         TROPICAL STORM TREVOR      ANALYSED POSITION: 12.8S 141.5E
VERIFYING TIME      POSITION      STRENGTH        TENDENCY
--------------      --------      --------        --------
12UTC 20.03.2019   12.8S 141.5E   MODERATE
00UTC 21.03.2019   12.5S 141.2E   MODERATE   INTENSIFYING SLIGHTLY
12UTC 21.03.2019   13.1S 141.0E   STRONG     INTENSIFYING SLIGHTLY
00UTC 22.03.2019   13.6S 139.9E   STRONG     INTENSIFYING SLIGHTLY
12UTC 22.03.2019   14.2S 138.8E   STRONG     INTENSIFYING SLIGHTLY
00UTC 23.03.2019   15.2S 137.6E   INTENSE    INTENSIFYING RAPIDLY
12UTC 23.03.2019   16.5S 136.4E   STRONG       WEAKENING RAPIDLY
00UTC 24.03.2019   18.3S 135.7E   MODERATE      WEAKENING RAPIDLY
12UTC 24.03.2019   20.5S 135.7E   MODERATE        LITTLE CHANGE
00UTC 25.03.2019   22.0S 136.9E   MODERATE        LITTLE CHANGE
12UTC 25.03.2019   23.0S 139.2E   MODERATE        LITTLE CHANGE
00UTC 26.03.2019   23.7S 141.2E   MODERATE    WEAKENING SLIGHTLY
12UTC 26.03.2019   23.9S 143.2E   MODERATE    WEAKENING SLIGHTLY
THIS INFORMATION IS PROVIDED AS GUIDANCE FOR TROPICAL CYCLONE
RSMCS. IT REQUIRES INTERPRETATION BY TROPICAL CYCLONE SPECIALISTS
AND SHOULD NOT BE CONSIDERED AS A FINAL PRODUCT.
BULLETINS ARE NOW AVAILABLE WHICH PROVIDE EXPLICIT GUIDANCE
ON CENTRAL PRESSURE AND MAXIMUM WIND SPEED.
FOR FURTHER INFORMATION CONTACT TROPICAL_CYCLONES@METOFFICE.GOV.UK
MET OFFICE, EXETER, UK
TOO 201557
```

8.2.1.2 报头部分

报文：FXXT01 EGRR 201557

序号：01 02 03 04

报文： MET OFFICE TROPICAL CYCLONE GUIDANCE FOR SOUTH PACIFIC AND

序号： 05 06 07

报文： SOUTH-EAST INDIAN OCEANS

序号： 07

报头部分逐词解析见表 8.1。

表 8.1 报文实例 1 报头部分逐词解析

序号	要素含义
01	简式报头中的 TT；FX
02	简式报头中的 AA；XT 表示：报文涉及热带地区
03	编报中心代码；EGRR 表示：英国 EGRR 编报中心
04	编报日期时间 DDHHMM（UTC）；表示 20 日 15 时 57 分
05	英国编报中心的全称
06	报文类型，TROPICAL CYCLONE GUIDANCE 台风指导报
07	报文涉及海域全称

8.2.1.3 预报数据（报文节选）

报文：GLOBAL MODEL DATA TIME 12UTC 20.03.2019

序号： 01 02

报文： TROPICAL STORM VERONICA ANALYSED POSITION: 15.8S 117.9E

序号： 03 04

报文： VERIFYING TIME POSITION STRENGTH TENDENCY

报文： -------------- -------- -------- --------

报文： 12UTC20.03.2019 15.8S 117.9E MODERATE

报文： 00UTC21.03.2019 16.4S 118.1E STRONG INTENSIFYING RAPIDLY

序号： 05 06 07 08

预报数据逐词解析见表 8.2。

表 8.2 报文实例 1 预报数据逐词解析

序号	要素含义
01	固定字段，模式代号，全球模式
02	固定字段，起报时间 2019 年 3 月 20 日 12 时（UTC）
03	固定字段，台风等级及台风名
04	固定字段，起报位置，南纬 15.8 度，东经 117.9 度
05	固定字段，预报时效 2019 年 3 月 21 日 00 时（UTC）

续表

序号	要素含义
06	固定字段，预报时效下中心位置，南纬 16.4 度，东经 118.1 度
07	固定字段，台风强度
08	固定字段，台风强度变化趋势

8.2.2 报文实例 2：日本 RJTD

8.2.2.1 报文内容

FXPQ22 RJTD 010600
RSMC GUIDANCE FOR FORECAST
NAME TS 1323 FITOW (1323)
PSTN 010600UTC 15.0N 131.5E
PRES 994HPA
MXWD 35KT
FORECAST BY GLOBAL MODEL
TIME PSTN PRES MXWD
(CHANGE FROM T=0)
T=06 15.6N 131.4E +001HPA +002KT
T=12 16.5N 131.3E -003HPA +004KT
T=18 17.5N 131.2E -004HPA +003KT
T=24 18.4N 130.8E -009HPA +006KT
T=30 19.2N 130.6E -010HPA +007KT
T=36 19.9N 130.3E -016HPA +010KT
T=42 20.5N 130.1E -017HPA +013KT
T=48 20.9N 130.0E -023HPA +022KT
T=54 21.2N 130.0E -026HPA +026KT
T=60 21.6N 130.0E -032HPA +032KT
T=66 22.1N 129.9E -031HPA +034KT
T=72 22.8N 129.5E -034HPA +036KT
T=78 23.5N 129.0E -033HPA +039KT
T=84 24.0N 128.3E -033HPA +037KT=

8.2.2.2 报头及概述部分

报文：<u>FXPQ22</u> <u>RJTD</u> <u>010600</u>
序号：01 02 03 04
报文：<u>RSMC GUIDANCE FOR FORECAST</u>
序号： 05

报文：NAME TS 1323 FITOW (1323)

序号：06

报文：PSTN 010600UTC 15.0N 131.5E

序号：07

报文：PRES 994HPA

序号：08

报文：MXWD 35KT

序号：09

报头及概述部分逐词解析见表 8.3。

表 8.3 报文实例 2 报头及概述部分逐词解析

序号	要素含义
01	简式报头中的 TT；FX
02	简式报头中的 AA；PQ 表示：报文涉及西北太平洋海域
03	编报中心代码；RJTD 表示：RSMC RJTD 热带气旋区域中心
04	编报日期时间 DDHHMM（UTC）；表示 01 日 06 时 00 分
05	报文类型，RSMC 预报指导报
06	台风等级、台风名及台风编号，2013 年第 23 号热带风暴 FITOW
07	实况位置及对应时间，01 日 06 时（UTC），北纬 15.0 度，东经 131.5 度
08	中心气压 994 百帕
09	最大风速，35 节

8.2.2.3 预报数据（报文节选）

报文：FORECAST BY GLOBAL MODEL

序号：01

报文：TIME PSTN PRES MXWD

报文：(CHANGE FROM T=0)

序号：02

报文：T=06 15.6N 131.4E +001HPA +002KT

报文：T=12 16.5N 131.3E -003HPA +004KT

报文：T=18 17.5N 131.2E -004HPA +003KT

报文：……

报文：T=84 24.0N 128.3E -033HPA +037KT=

序号：03 04 05 06 07

预报数据逐词解析见表 8.4。

表 8.4 报文实例 2 预报数据逐词解析

序号	要素含义
01	固定字段，模式代号，全球模式

续表

序号	要素含义
02	固定字段，起报识别行
03	固定字段，预报时效是 T=0 时刻后的 84 小时
04	固定字段，预报时效下中心位置，北纬 24.0 度，东经 128.3 度
05	固定字段，中心气压 994-33=961 百帕
06	固定字段，移速 35+37=72 节
07	报文结束符，“=”表示

8.2.3　报文实例 3：美国 PGUM

8.2.3.1　报文内容

FXPQ60 PGUM 200801
AFDPQ
Area Forecast Discussion
National Weather Service Tiyan GU
601 PM ChST Wed Mar 20 2019
.Marianas Synopsis...
A dry season pattern of moderate northeast winds, partly cloudy skies
and isolated mainly light showers remains in place over the Marianas.
Combined seas are fairly steady around 7 feet at the Guam buoys.
&&
.Discussion...
Both GFS and ECMWF are showing a weak signal for a modest increase
in moisture and showers around Sunday night and Monday of next week.
But today is only Wednesday, and the moisture-bearing feature is
quite weak, so for now have maintained partly cloudy with isolated
light showers for the duration of the forecast.
&&
.Marine...
Winds will remain mainly moderate through the coming weekend, but
a slight trade-wind surge should boost winds around Monday and on
into next week. At this point, no marine advisories appear likely.
The high rip risk along east facing shores should be reduced to
moderate on Friday, and stay at that level through the weekend.
&&
.Eastern Micronesia...
Scattered showers are passing Pohnpei and Kosrae, and southeast of

Majuro this evening. At Pohnpei, the upper air run from this
morning shows precipitable water of more than 2 inches, indicating
plenty of moisture in the region, and a surface trough is present
northwest of Pohnpei this afternoon. As this trough lifts north
Thursday, moisture and showers around Pohnpei and Kosrae will also
draw further north starting Thursday morning. This will bring dry
air to settle over Pohnpei and Kosrae thru the weekend. At Majuro,
trade-wind convergence will prevail into early next week, bringing
scattered showers thru at least Friday night and again on Monday.
At Kosrae, the High Surf Advisory has been cancelled due to subsiding
swells and wind waves. Seas should be moderate for all 3 locations
thru the weekend.
&&
.Western Micronesia...
The combination of a broad circulation and surface trough south to
southwest of Chuuk is generating moderate to heavy showers at Chuuk.
The northward motion of the trough will drive heavy moisture and
showers away from Chuuk Thursday afternoon and Thursday night.
Meanwhile, dry weather will stay in place at Yap and Koror during
much of the forecast period. Combined seas up to 5 to 6 feet for
all 3 locations will persist thru the next several days.
&&
.GUM WATCHES/WARNINGS/ADVISORIES...
GU...High Rip Current Risk through Friday afternoon for GUZ001>004.
Marianas Waters...None.
&&
$$

8.2.3.2 报头部分

报文：<u>FXPQ60</u> <u>PGUM</u> <u>200801</u>

序号：01 02 03 04

报文：<u>AFDPQ</u>

序号： 05 06

报文：<u>Area Forecast Discussion</u>

序号： 07

报文：<u>National Weather Service Tiyan GU</u>

序号： 08

报文：<u>601 PM ChST Wed Mar 20 2019</u>

序号： 09

报头部分逐词解析见表 8.5。

表 8.5　报文实例 3 报头部分逐词解析

序号	要素含义
01	简式报头中的 TT；FX。
02	简式报头中的 AA；PQ 表示：报文涉及西北太平洋海域
03	编报中心代码；PGUM 表示：美国 PGUM 编报中心
04	编报日期时间 DDHHMM（UTC）；表示 20 日 08 时 01 分
05	报文类型缩写，AFD 是 Area Forecast Discussion（地区预报讨论）的缩写
06	地区代码，同 02
07	报文类型全称
08	美国 PGUM 编报中心全称
09	预报时效，当地时间 06 时 01 分下午，周三，2019 年 3 月 20 日

8.2.3.3　相关的部分（报文节选）

报文：.GUM WATCHES/WARNINGS/ADVISORIES...

序号：　　　　　　01

报文：GU...High Rip Current Risk through Friday afternoon for GUZ001>004.

报文：Marianas Waters...None.

相关部分逐词解析见表 8.6。

表 8.6　报文实例 3 相关部分逐词解析

序号	要素含义
01	固定字段，表示该地区是否存在展望、警报、咨询报信息的标题

8.2.4　报文实例 4：韩国 RKSL

8.2.4.1　报文内容

```
FXPN03 RKSL 180000
KMA NE36 GLOBAL MODEL              DATA TIME 00UTC 18.12.2023
TROPICAL CYCLONE 2317 JELAWAT    ANALYSED POSITION:8.0N    127.0E
    VERIFYING TIME        POSITION      MAX.WIND(M/SEC)
     ----------------        --------       ----------------
00UTC 18.12.2023          8.0N   127.0E     14.2
12UTC 18.12.2023          7.1N   120.9E     15.4
00UTC 19.12.2023          8.0N   119.0E     15.5
12UTC 19.12.2023          8.7N   116.2E     15.7
00UTC 20.12.2023          9.5N   114.0E     21.6
```

12UTC 20.12.2023 9.9N 112.6E 26.4
00UTC 21.12.2023 8.4N 111.5E 21.6
12UTC 21.12.2023 8.3N 111.0E 24.0
00UTC 22.12.2023 7.7N 109.5E 20.3
12UTC 22.12.2023 7.1N 107.6E 18.1
00UTC 23.12.2023 6.9N 105.4E 15.0
12UTC 23.12.2023 7.4N 103.9E 15.0
00UTC 24.12.2023 8.0N 101.8E 17.5
12UTC 24.12.2023 8.2N 100.3E 16.4

8.2.4.2 报头及概述部分

报文：FXPN03 RKSL 180000
序号：01 02 03 04
报文：KMA NE36 GLOBAL MODEL DATA TIME 00UTC 18.12.2023
序号：05 06 07
报文：TROPICAL CYCLONE 2317 JELAWAT ANALYSED POSITION: 8.0N 127.0E
序号：08 09

报头及概述部分逐词解析见表 8.7。

表 8.7 报文实例 4 报头及概述部分逐词解析

序号	要素含义
01	简式报头中的 TT；FX
02	简式报头中的 AA；PN 表示：报文涉及北太平洋海域
03	编报中心代码；RKSL 表示：韩国 RKSL 编报中心
04	编报日期时间 DDHHMM（UTC）；表示：18 日 00 时 00 分
05	KMA 表示韩国气象厅
06	报文类型，全球模式预报
07	起报时间，2023 年 12 月 18 日 00 时（UTC）
08	台风等级、台风名及台风编号，2023 年第 17 号台风 JELAWAT
09	实况位置北纬 8.0 度，东经 127.0 度

8.2.4.3 预报数据（报文节选）

报文：VERIFYING TIME POSITION MAX.WIND(M/SEC)
---------------- -------- ----------------
00UTC 18.12.2023 8.0N 127.0E 14.2
12UTC 18.12.2023 7.1N 120.9E 15.4
00UTC 19.12.2023 8.0N 119.0E 15.5
……

12UTC 24.12.2023　　8.2N　100.3E　　　16.4
序号：　01　　　　　　02　　　　　　03

预报数据逐词解析见表 8.8。

表 8.8　报文实例 4 预报数据逐词解析

序号	要素含义
01	固定字段，预报时效，2023 年 12 月 24 日 12 时（UTC）
02	固定字段，预报时效下中心位置，北纬 8.2 度，东经 100.3 度
03	固定字段，最大风速 16.4 米/秒

8.2.5　报文实例 5：澳大利亚 ADRM、APRF、ABRF

8.2.5.1　报文内容

FXXT02 ADRM 051500
IDY26501
Bureau of Meteorology, Darwin RSMC
ACCESS_TC TC tracking for model run: 20200405 1200 UTC

Cyc Name	Date	TimeLat	Long	C.Pres	Max Wind(kts)
IRONDRO	20200405 1200	-25.1	85.8	983.3	63.7
IRONDRO	20200405 1800	-25.3	86.9	989.3	47.3
IRONDRO	20200406 0000	-25.6	88.4	991.9	39.1
IRONDRO	20200406 0600	-26.5	89.9	993.6	38.2
IRONDRO	20200406 1200	-27.2	91.5	994.3	38.0
IRONDRO	20200406 1800	-28.2	93.2	995.9	34.3
IRONDRO	20200407 0000	-31.2	95.8	995.0	34.9
IRONDRO	20200407 0600	-32.8	98.5	992.4	35.3
IRONDRO	20200407 1200	-35.0	101.1	992.0	37.2
IRONDRO	20200407 1800	-39.7	103.8	992.3	41.2

Note: wind speed is max wind at 10m in kts
This information and associated graphic is available at:
http://www.bom.gov.au/reguser/by_user/bomw0170/tc_track2.shtml
For information on ACCESS_TC:
email SROD@bom.gov.au

8.2.5.2　报头及概述部分

报文：FXXT02 ADRM 051500
序号：01 02　　03　　04
报文：IDY26501
序号：　05

报文：Bureau of Meteorology, Darwin RSMC

序号：06

报头及概述部分逐词解析见表 8.9。

表 8.9 报文实例 5 报头及概述部分逐词解析

序号	要素含义
01	简式报头中的 TT：FX
02	简式报头中的 AA：XT 表示：报文涉及热带地区
03	编报中心代码：ADRM 表示：TCWC ADRM 热带气旋警报中心
04	编报日期时间 DDHHMM（UTC）：表示：05 日 15 时 00 分
05	固定字段，澳大利亚的报文类型编号
06	编报中心全称

8.2.5.3 预报数据（报文节选）

报文：ACCESS_TC TC tracking for model run: 20200405 1200 UTC

序号：01 02

报文：Cyc Name Date Time Lat Long C.Pres Max Wind(kts)

IRONDRO 20200405 1200 -25.1 85.8 983.3 63.7

IRONDRO 20200405 1800 -25.3 86.9 989.3 47.3

IRONDRO 20200406 0000 -25.6 88.4 991.9 39.1

……

IRONDRO 20200407 1800 -39.7 103.8 992.3 41.2

序号：03 04 05 06 07

预报数据逐词解析见表 8.10。

表 8.10 报文实例 5 预报数据逐词解析

序号	要素含义
01	报文类型，台风预报路径
02	起报时间，2020 年 04 月 05 日 12 时（UTC）
03	固定字段，台风名
04	固定字段，预报时效，2020 年 04 月 07 日 18 时（UTC）
05	固定字段，预报时效下中心位置，南纬 39.7 度，东经 103.8 度
06	固定字段，预报时效下中心气压，992.3 百帕
07	固定字段，最大风速 41.2 米/秒

8.2.6 报文实例 6：中国香港 VHHH

8.2.6.1 报文内容

FXSS03 VHHH 050000

TROPICAL CYCLONE FORECAST GUIDANCE BY HONG KONG OBSERVATORY
NAME TD HAIKUI (2311)
DATA TIME 050000 UTC
ANALYSED POSITION 23.6N, 117.0E
MIN PRESSURE 998 HPA
FORECAST BY 10-KM MESOSCALE MODEL

TIME	POSITION	PRESSURE (CHANGE FROM T=0)
T=06	23.6N 116.3E	+000 HPA
T=12	24.0N 115.8E	+002 HPA
T=18	23.9N 115.8E	+003 HPA
T=24	23.9N 115.1E	+005 HPA
T=30	24.1N 114.8E	+004 HPA
T=36	24.3N 114.0E	+004 HPA
T=42	24.3N 113.4E	+004 HPA
T=48	24.3N 113.4E	+005 HPA
T=54	24.0N 112.1E	+003 HPA
T=60	23.5N 111.3E	+003 HPA
T=66	23.6N 109.7E	+004 HPA
T=72	23.3N 109.0E	+004 HPA=

THE FORECAST IS BASED ON DIRECT MODEL OUTPUT AND REQUIRES INTERPRETATION BY TROPICAL CYCLONE SPECIALISTS.
FOR FURTHER INFORMATION ABOUT THE MODEL, PLEASE VISIT
HTTPS://WWW.HKO.GOV.HK/EN/WSERVICE/TSHEET/NWP.HTM

8.2.6.2 报头及概述部分

报文：FXSS03 VHHH 050000
序号：01 02 03 04
报文：TROPICAL CYCLONE FORECAST GUIDANCE BY HONG KONG OBSERVATORY
序号：05
报文：NAME TD HAIKUI (2311)
序号：06
报文：DATA TIME 050000 UTC
序号：07
报文：ANALYSED POSITION 23.6N, 117.0E
序号：08
报文：MIN PRESSURE 998 HPA
序号：09

报头及概述部分逐词解析见表 8.11。

表 8.11 报文实例 6 报头及概述部分逐词解析

序号	要素含义
01	简式报头中的 TT：FX
02	简式报头中的 AA；SS 表示：报文涉及中国南海海域
03	编报中心代码；VHHH 表示：中国香港 VHHH 编报中心
04	编报日期时间 DDHHMM（UTC）；表示 05 日 00 时 00 分
05	编报中心全称
06	台风等级、台风名及台风编号，2023 年第 11 号热带低压 TD HAIKUI
07	起报时间，05 日 00 时（UTC）
08	实况位置，北纬 23.6 度，东经 117.0 度
09	中心气压 998 百帕

8.2.6.3 预报数据（报文节选）

报文：FORECAST BY 10-KM MESOSCALE MODEL

序号：　　　　01

报文：TIME　　　POSITION　　　PRESSURE (CHANGE FROM T=0)

序号：　　　　　　　　　　　　　　　　02

报文：T=06　　　23.6N 116.3E　　+000 HPA

报文：T=12　　　24.0N 115.8E　　+002 HPA

报文：T=18　　　23.9N 115.8E　　+003 HPA

报文：……

报文：T=72　　　23.3N 109.0E　　+004 HPA=

序号：　03　　　　04　　　　　05　　06

预报数据逐词解析见表 8.12。

表 8.12 报文实例 6 预报数据逐词解析

序号	要素含义
01	固定字段，预报模式代号，中尺度模式
02	固定字段，起报识别行
03	固定字段，预报时效是 T=0 时刻后的 72 小时
04	固定字段，预报时效下中心位置，北纬 23.3 度，东经 109.0 度
05	固定字段，中心气压 998+4=1002 百帕
06	报文结束符，“=”表示

第 9 章 TC/TP/TX 报文

根据 WMO-No.386 文件，T_1T_2= “TC/TP/TX” 的报文，其中，T=Satellite data，C=Satellite cloud interpretations，P 在 WMO 文件中没有说明，X=Miscellaneous，无论是 TC 还是 TX 都是涉及台风过程基于卫星分析的信息报文。目前按照 WMO 文件规定，TP、TX 虽然是自定义格式，但是目前发现的报文却有相似的报文结构且是明码编报（例如 9.2.1 报文实例 1 和 9.2.2 报文实例 2）。TC 是有统一格式（例如 9.2.3 报文实例 3），但是也存在编报中心没有使用该格式的情况（例如 9.2.4 报文实例 4）。

所以本章依旧根据目前通过 GTS 可接收到的台风报文，进行实例分析；逐要素字段解析含义，并对报文相关内容进行总结说明。

9.1 报文结构

TP/TX 报采用明码方式编发报文，TC 部分采用明码方式编发报文。下面依旧根据目前通过 GTS 可接收到的报文，进行实例分析；逐要素字段解析含义，并对报文相关内容进行总结说明。

9.2 报文解析

9.2.1 报文实例 1：美国 PHFO、KNES

9.2.1.1 报文内容

报文：TXPS42 PHFO 211151

序号：01 02 03 04

报文：TCSSP2

序号： 05

报文：SOUTH PACIFIC TROPICAL CYCLONE SUMMARY – FIXES

序号： 06

报文：NWS CENTRAL PACIFIC HURRICANE CENTER HONOLULU HI

序号：07

报文：1150 UTC FRI FEB 21 2020

序号：08

报文：A. TROPICAL DISTURBANCE 98P

序号：09

报文：B. 21/1120Z

序号：10

报文：C. 13.0S

序号：11

报文：D. 175.2W

序号：12

报文：E. GOES-17

序号：13

报文：F. T2.0/2.0/D1.0/18HRS

序号：14

报文：G. IR/EIR/ANIMATION

序号：15

报文：H. REMARKS...CURVED BAND WRAPS 0.4 ON A LOG10 SPIRAL...YIELDING A DT

报文：OF 2.5. PT IS 2.0 WITH WHITE OR COLDER TOPS. MET IS UNAVAILABLE. FT

报文：BASED ON PT.

序号：16

报文：I. ADDL POSITIONS

序号：17

报文：NONE.

序号：18

9.2.1.2 报文解析（见表9.1）

表9.1 报文实例1逐词解析

序号	要素含义
01	简式报头中的TT；TX
02	简式报头中的AA；PS表示：报文涉及南太平洋海域
03	编报中心代码；PHFO表示：RSMC PHFO热带气旋区域中心
04	编报日期时间DDHHMM（UTC）；表示21日11时51分
05	美国报文类型+区域，TWO表示Tropical Weather Outlook，SP表示South Pacific
06	报文类型
07	编报中心全称

续表

序号	要素含义
08	发报时间，2020 年 02 月 21 日世界时 11 时 50 分
09	台风等级及名称，未命名写编号。这里是未命名台风 98P
10	观测时间
11	中心纬度，南纬 13.0 度
12	中心经度，西经 175.2 度
13	使用卫星名称，GOES-17
14	台风定强指数
15	使用的卫星产品
16	备注行信息
17	其他位置提示
18	报文结束符

9.2.1.3　相关报头信息

美国 PHFO、KNES 编报中心编发的 TX 报，使用的相关报头编码梳理，见表 9.2。

表 9.2　报文类型对应编码

报文类型名称	描述地区	报头编码
Tropical Cyclone Position and Intensity from Satellite Data	South Central Pacific 120W-160E	TXPS40 PHFO
	North Central Pacific 140W -160E	TXPN40 PHFO
Tropical Cyclone Summary – Fixes	South Central Pacific 120W-160E	TXPS41-45 PHFO
		TXPS20-29 KNES
	North Central Pacific 140W -160E	TXPN41-45 PHFO
		TXPN20-29 KNES
	South Atlantic Ocean	TXST20-29 KNES
	Atlantic Basin	TXNT20-29 KNES
	West Pacific Ocean	TXPQ20-29 KNES
	Eest Pacific Ocean	TXPZ20-29 KNES
	North Indian Ocean	TXIO20-29 KNES
	Sorth Indian Ocean	TXXS20-29 KNES

9.2.2　报文实例 2：美国 PGTW

9.2.2.1　报文内容

报文：TPPN10 PGTW 181158

序号：01 02　　03　　04

报文：A. TROPICAL STORM 18W (JELAWAT)

序号：05

报文：B. 18/1130Z

序号：06

报文：C. 7.15N

序号：07

报文：D. 125.13E

序号：08

报文：E. FIVE/HMWRI9

序号：09

报文：F. N/A

序号：10

报文：G. IR/EIR

序号：11

报文：H. REMARKS: 71A/PBO XTRP/ANMTN. DVORAK VALUES UNAVAILABLE DUE TO

报文：LLCC OVER LAND.

序号：12

报文：I. ADDITIONAL POSITIONS: NONE

序号：13

9.2.2.2 报文解析（见表9.3）

表9.3 报文实例2逐词解析

序号	要素含义
01	简式报头中的TT；TP
02	简式报头中的AA；PN表示：报文涉及北太平洋海域
03	编报中心代码；PGTW表示：美国PGTW编报中心
04	编报日期时间DDHHMM（UTC）；表示18日11时58分
05	台风等级及名称，TROPICAL STORM 18W (JELAWAT)
06	观测时间，18日11时30分（UTC）
07	中心纬度，北纬7.15度
08	中心经度，东经125.13度
09	使用卫星名称
10	台风定强指数
11	使用的卫星产品
12	备注行信息
13	其他位置提示

9.2.2.3　相关报头信息

美国 PGTW 编报中心编发的 TP 报，使用的相关报头编码梳理，见表 9.4。

表 9.4　报文类型对应编码

报文类型名称	描述地区	报头编码
Tropical Cyclone Position and Intensity	Northwest Pacific Ocean	TPPN10-19 PGTW
	North Indian Ocean	TPIO10-19 PGTW
	South Pacific Ocean	TPPS10-19 PGTW
	Southern Indian Ocean	TPXS10-19 PGTW
	Central North Pacific Ocean	TPPZ01-05 PGTW

9.2.3　报文实例 3：中国 BABJ

9.2.3.1　报文内容

报文：TCPQ40 BABJ 060300

序号：01 02　03　04

报文：CCAA 06030 99398 11165

序号：　05　06　07

报文：FRANCISCO 08337 11302 11214　230//　93217

序号：　08　09 10 11 12　13-16　17　1819

9.2.3.2　报文解析（见表 9.5）

表 9.5　报文实例 3 逐词解析

序号	要素含义
01	简式报头中的 TT；TC
02	简式报头中的 AA；PQ 表示：报文涉及西北太平洋海域
03	编报中心代码；BABJ 表示：中国 BABJ 编报中心
04	编报日期时间 DDHHMM（UTC）；表示 06 日 03 时 00 分
05	固定字段，CC 表示来自地面站的 SAREP 报告，AA 表示台风过程 扩展：DD 表示来自海洋站的 SAREP 报告
06	观测时间，06 日 03 时 00 分（UTC）
07	固定字段，表示经纬度，北纬 39.8 度，东经 116.5 度
08	固定字段，台风名称
09	固定字段，台风编号
10	固定字段，表示纬度，北纬 33.7 度
11	固定字段，全球象限 1=北纬东经，3=南纬东经，5=南纬西经，7=北纬西经
12	固定字段，表示经度，东经 130.2 度

续表

序号	要素含义
13	确定热带气旋地理位置的准确性，“0”表示旋风中心 10 公里[①]内的传播位置，“1”表示旋风中心 20 公里内的传播位置，“2”表示旋风中心 50 公里内的传播位置，“3”表示旋风中心 100 公里内的传播位置，“4”表示旋风中心 200 公里内的传播位置，“5”表示旋风中心 300 公里内的传播位置，“/”表示旋风中心尚未确定
14	热带气旋水平范围，用纬度表示，水平范围大于 2 纬度，小于 3 纬度
15	热带气旋强度 24 小时明显变化，0 明显减弱，1 减弱，2 没有变化，3 增强，4 明显增强，9 以前未观测到，“/”表示未确定
16	计算热带气旋运动的时间间隔。“0”表示小于 1 小时，“1”表示在 1～2 小时，“2”表示在 2～3 小时，“3”表示在 3～6 小时，“4”表示在 6～9 小时，“5”表示在 9～12 小时，“6”表示在 12～15 小时，“7”表示在 15～18 小时，“8”表示在 18～21 小时，“9”表示在 21～30 小时，“/”表示尚未确定
17	台风强度，“30”表示 CI 指数是 3.0
18	移向，热带气旋或系统正在向 320 度方向移动
19	移速，17 节

9.2.4 报文实例 4：印度 DEMS

9.2.4.1 报文内容

报文：TCIN50 DEMS 030000

序号：01 02 03 04

报文：A. VORTEX (MICHAUNG)

序号：05

报文：B. 03/0000Z

序号：06

报文：C. 11.3N

序号：07

报文：D. 82.7E

序号：08

报文：E. T2.5/2.5

序号：09

报文：F. INSAT-3D / 3DR

序号：10

报文：F. IR/MICROWAVE

序号：11

报文：G. REMARKS:

THE SYSTEM HAS INTENSIFIED AND FURTHER MOVING TOWARDS

① 1 公里=1 千米，全书同。

NORTHNORTHWEST DIRECTION DURING PAST 06 HRS (.)
CENTRE IS SURROUNDED
BY THE CURVED BAND LINES AND WELL DEFINED IN PMW IMAGERY . THE SYSTEM IS CHARACTERIZED BY GOOD AMOUNT OF POLEWARD AND EQUATORWARD OUTFLOW (.)
MOST OF THE SW BAY AREA IS COVERED WITH INTENSE CONVECTIVE CLOUDS. ASSOCIATED CLOUD BAND WITH EMBEDDED INT TO V INT CONVECTION LIES OVER CENTRAL BAY.
OUTFLOW CLOUDS ARE OBSERVED OVER TAMILNADU ANDHRA PRADESH AND COASTAL ODISHA GWB BD NAGA MANI MIZO TRP.
INTENSE CONVECTION IS SEEN IN NORTH SECTOR OF SYSTEM CENTER WITH CLOUD TOP TEMPERATURE (CTT) OF -93 DEGREE CELSIUS (.) DT=2.5 (WRAPNESS SEEN ON 10 DEGREE SPIRAL LOG AT 00 UTC IN SATELLITE IMAGERY IS .45(.); MET AND PET AGREES TO DT (.)

序号： 12

报文：H. ADDITIONAL POSITION： F17 SSMIS 37GHZ AT 2241 UTC DEPICTS LLCC CENTER NEAR 11.2N /82.7E

序号： 13

报文：TOO 03/0730EF=

序号： 14 15

9.2.4.2 报文解析（见表 9.6）

表 9.6 报文实例 4 逐词解析

序号	要素含义
01	简式报头中的 TT；TC
02	简式报头中的 AA；IN 表示报文涉及印度
03	编报中心代码；DEMS 表示：RSMC DEMS 热带气旋区域中心
04	编报日期时间 DDHHMM（UTC）；表示：03 日 00 时 00 分
05	台风等级及名称，未命名写编号
06	观测时间，03 日 00 时 00 分（UTC）
07	中心纬度，北纬 11.3 度
08	中心经度，东经 82.7 度
09	台风定强指数
10	使用卫星名称
11	使用的卫星产品
12	备注行信息
13	其他位置提示
14	下次发报时间提示
15	报文结束符，“=”表示

第 10 章　WT/WD/WO 报文

根据 WMO-No.386 文件，T_1T_2=“WT/WD/WO”的报文，其中，W=Warnings，D 在 WMO 文件中没有说明，O=Others，T=Tropical cyclone (Typhoon/hurricane)，这类报文是最为常见的台风警报和台风路径预报报文。由于 WMO 没有统一 WT 类报文的格式，各个国家或地区或以明码，或以自定义的方法编报，同一国家的编报方式大致相同，所以本章依旧根据目前通过 GTS 可接收到的台风报文，进行实例分析；逐要素字段解析含义，并对报文相关内容进行总结说明。

10.1　报文结构

WT/WD/WO 报采用明码方式编发报文，不同国家或地区的编报中心，格式自定义。下面依旧根据目前通过 GTS 可接收到的报文，按照先海域再国家或地区的顺序进行实例分析；逐要素字段解析含义，并对报文相关内容进行总结说明。

10.2　美国报文解析

10.2.1　报文实例 1：热带气旋公众咨询

10.2.1.1　报文内容

报文：WTPZ31 KNHC 301451

序号：01 02　　03　　04

报文：TCPEP1

序号：　05

报文：BULLETIN

序号：　　06

报文：Hurricane Adrian Advisory Number　12

序号：　　　　　　　07

报文：NWS National Hurricane Center Miami FL　　　EP012023

序号：　　　　　　08　　　　　　　　　　09

报文：900 AM MDT Fri Jun 30 2023

序号：　　　　10

报文：...ADRIAN SLIGHTLY STRONGER...

序号：　　　　　　11

报文：SUMMARY OF 900 AM MDT...1500 UTC...INFORMATION

序号：　　　　　　　　　　12

报文：LOCATION...17.3N 112.2W

序号：　　　13

报文：ABOUT 415 MI...665 KM SSW OF THE SOUTHERN TIP OF BAJA CALIFORNIA

序号：　　　　　　　　　　　　　14

报文：MAXIMUM SUSTAINED WINDS...105 MPH...165 KM/H

序号：　　　　　　　　　15

报文：PRESENT MOVEMENT...NW OR 305 DEGREES AT 7 MPH...11 KM/H

序号：　　　　　　　　　　16

报文：MINIMUM CENTRAL PRESSURE...970 MB...28.65 INCHES

序号：　　　　　　　　　17

报文：WATCHES AND WARNINGS

There are no coastal watches or warnings in effect.

序号：　　　　18

报文：DISCUSSION AND OUTLOOK

At 900 AM MDT (1500 UTC)， the center of Hurricane Adrian was located near latitude 17.3 North, longitude 112.2 West. Adrian is moving toward the northwest near 7 mph (11 km/h). A west-northwestward motion at a similar forward speed is expected during the next couple of days, followed by a turn toward the west on Monday.

Maximum sustained winds are near 105 mph (165 km/h) with higher gusts. Gradual weakening is expected to begin by tonight, followed by more rapid weakening this weekend and into early next week.

Hurricane-force winds extend outward up to 15 miles (30 km) from the center and tropical-storm-force winds extend outward up to 80 miles (130 km).

The estimated minimum central pressure is 970 mb (28.65 inches).

序号：　　　　　　19

报文：HAZARDS AFFECTING LAND

SURF： Swells generated by Adrian are affecting portions of the southwestern and west-central coasts of Mexico and the southern Baja California peninsula. These swells are likely to cause life-threatening surf and rip current conditions. Please consult products from your local weather office.

序号： 20

报文：NEXT ADVISORY

Next complete advisory at 300 PM MDT.

序号： 21

10.2.1.2 报文解析（见表 10.1）

表 10.1 报文实例 1 逐词解析

序号	要素含义
01	简式报头中的 TT；WT
02	简式报头中的 AA；PZ 表示：报文涉及东太平洋海域
03	编报中心代码；KNHC 表示：RSMC KNHC 热带气旋区域中心
04	编报日期时间 DDHHMM（UTC)；表示 30 日 14 时 51 分
05	美国报文类型+区域，TCP 表示 Tropical Cyclone Public，EP 表示 Eastern Pacific
06	报文类型
07	本次过程的第几次编报
08	编报中心全称
09	台风编号，EP012023
10	当地观测时间
11	台风当前状态概述
12	当地观测时间+世界时时间
13	中心位置
14	距陆地距离（用英里和公里 2 种单位表示）
15	最大风速（用英里/时和公里/时 2 种单位表示）
16	移向移速
17	中心气压
18	监视和警告部分
19	讨论与展望部分
20	对陆地影响
21	下一次咨询的发布时间

10.2.2　报文实例 2：热带气旋预报/咨询

10.2.2.1　报文内容

报文：WTPA23 PHFO 161431

序号：01 02　03　04

报文：TCMCP3

序号：05

报文：TROPICAL STORM GREG FORECAST/ADVISORY NUMBER　11

序号：06

报文：NWS CENTRAL PACIFIC HURRICANE CENTER HONOLULU HI　EP082023

序号：07　08

报文：1500 UTC WED AUG 16 2023

序号：09

报文：NOTICE... LAND-BASED TROPICAL CYCLONE WATCHES AND WARNINGS ARE NO LONGER INCLUDED IN THE TROPICAL CYCLONE FORECAST/ADVISORY...(TCM). CURRENT LAND-BASED COASTAL WATCHES AND WARNINGS CAN BE FOUND IN THE MOST RECENTLY ISSUED TROPICAL CYCLONE PUBLIC ADVISORY...(TCP).

序号：10

报文：TROPICAL STORM CENTER LOCATED NEAR 11.8N 151.1W AT 16/1500Z

序号：11

报文：POSITION ACCURATE WITHIN　25 NM

序号：12

报文：PRESENT MOVEMENT TOWARD THE WEST OR 280 DEGREES AT　12 KT

序号：13

报文：ESTIMATED MINIMUM CENTRAL PRESSURE 1000 MB

序号：14

报文：MAX SUSTAINED WINDS　45 KT WITH GUSTS TO　55 KT.

序号：15

报文：34 KT....... 60NE　10SE　10SW　60NW.

序号：16

报文：12 FT SEAS.. 70NE　15SE　20SW　70NW.

序号：17

报文：WINDS AND SEAS VARY GREATLY IN EACH QUADRANT.　RADII IN NAUTICAL MILES ARE THE LARGEST RADII EXPECTED ANYWHERE IN THAT QUADRANT.

序号：18

报文：REPEAT...CENTER LOCATED NEAR 11.8N 151.1W AT 16/1500Z

序号：19

报文：AT 16/1200Z CENTER WAS LOCATED NEAR 11.7N 150.5W

序号：20

报文：FORECAST VALID 17/0000Z 12.1N 153.0W

序号：21

报文：MAX WIND 45 KT...GUSTS 55 KT.

序号：22

报文：34 KT... 60NE 10SE 10SW 60NW.

序号：23

报文：FORECAST VALID 17/1200Z 12.2N 155.3W

序号：21

报文：MAX WIND 45 KT...GUSTS 55 KT.

序号：22

报文：34 KT... 60NE 10SE 10SW 60NW.

序号：23

报文：FORECAST VALID 18/0000Z 12.1N 157.8W

序号：21

报文：MAX WIND 40 KT...GUSTS 50 KT.

序号：22

报文：34 KT... 50NE 10SE 10SW 50NW.

序号：23

报文：FORECAST VALID 18/1200Z 11.8N 160.5W

序号：21

报文：MAX WIND 35 KT...GUSTS 45 KT.

序号：22

报文：34 KT... 40NE 0SE 0SW 40NW.

序号：23

报文：FORECAST VALID 19/0000Z 11.4N 163.2W

序号：21

报文：MAX WIND 35 KT...GUSTS 45 KT.

序号：22

报文：34 KT... 40NE 0SE 0SW 40NW.

序号：23

报文：FORECAST VALID 19/1200Z 11.1N 165.8W

序号：21

报文：MAX WIND 30 KT...GUSTS 40 KT.

序号：22

报文：EXTENDED OUTLOOK. NOTE...ERRORS FOR TRACK HAVE AVERAGED NEAR 150 NM ON DAY 4 AND 200 NM ON DAY 5...AND FOR INTENSITY NEAR 20 KT EACH DAY

OUTLOOK VALID 20/1200Z 10.1N 170.8W...POST-TROP/REMNT LOW

MAX WIND 25 KT...GUSTS 35 KT.

OUTLOOK VALID 21/1200Z...DISSIPATED

REQUEST FOR 3 HOURLY SHIP REPORTS WITHIN 300 MILES OF 11.8N 151.1W

序号： 24

报文：NEXT ADVISORY AT 16/2100Z

序号： 25

10.2.2.2 报文解析（见表 10.2）

表 10.2 报文实例 2 逐词解析

序号	要素含义
01	简式报头中的 TT；WT
02	简式报头中的 AA；PA 表示：报文涉及太平洋海域
03	编报中心代码；PHFO 表示：RSMC PHFO 热带气旋区域中心
04	编报日期时间 DDHHMM（UTC）；表示 16 日 14 时 31 分
05	美国报文类型+区域，TCM 表示 Tropical Cyclone Forecast/Advisory，CP 表示 Central Pacific
06	本次过程的第几次编报
07	编报中心全称
08	台风编号，EP082023
09	观测时间（UTC）
10	固定字段，解释 TCP 和 TCM 的区别
11	台风当前中心位置
12	位置精确度
13	移向移速
14	中心气压
15	最大风速和极大风速
16	34 节风速时风圈半径（单位：海里）及方位
17	12 节风速时风圈半径（单位：海里）及方位
18	固定字段，格式说明
19	固定字段，重复在 16 日 15 时（UTC）时刻的台风当前中心位置
20	固定字段，在 16 日 12 时（UTC）时刻的台风中心位置。将当前时刻就近回溯至 12 时或 00 时，用于下一步预报的初始时刻
21	预报时效下的台风中心位置
22	预报时效下，最大风速和极大风速
23	预报时效下，34 节风速时风圈半径（单位：海里）及方位
24	展望部分
25	下一次咨询的发布时间

10.2.3 报文实例 3：热带气旋讨论

10.2.3.1 报文内容

报文：WTNT41 KNHC 220237

序号：01 02 03 04

报文：TCDAT1

序号：05

报文：Tropical Depression Gert Discussion Number 11

序号：06

报文：NWS National Hurricane Center Miami FL AL062023

序号：07 08

报文：1100 PM AST Mon Aug 21 2023

序号：09

报文：Gert appears to be on its last legs tonight. While some convection remains near the small cyclone, the surface circulation is becoming less well defined, and the system could be opening up into a trough. I don't have enough confidence to issue the last advisory based on the satellite data alone, so for continuity Gert will remain a 25-kt tropical depression.

Strong shear should weaken the system while it moves west-northwestward, and Gert is forecast to open up into a trough of low pressure on Tuesday. No signficant changes were made to the NHC track or intensity forecasts, which was also consistent with the latest consensus aids and global model predictions.

报文：FORECAST POSITIONS AND MAX WINDS

INIT 22/0300Z 17.1N 58.4W 25 KT 30 MPH

12H 22/1200Z 17.5N 59.5W 20 KT 25 MPH...POST-TROP/REMNT LOW

24H 23/0000Z...DISSIPATED

序号：10

报文：$$

序号：11

10.2.3.2 报文解析（见表 10.3）

表 10.3 报文实例 3 逐词解析

序号	要素含义
01	简式报头中的 TT；WT
02	简式报头中的 AA；NT 表示：报文涉及北大西洋海域
03	编报中心代码；KNHC 表示：RSMC KNHC 热带气旋区域中心

续表

序号	要素含义
04	编报日期时间 DDHHMM（UTC）；表示 22 日 02 时 37 分
05	美国报文类型+区域，TCD 表示 Tropical Cyclone Discussion，AT 表示 Atlantic
06	本次过程的第几次编报
07	编报中心全称
08	台风编号，AL062023
09	当地观测时间
10	固定字段，解释了预报员的分析和预报的原因，提供 12 小时、24 小时、36 小时、48 小时、60 小时、72 小时、96 小时和 120 小时的预报位置和最大风速，其他气象决策，以及监视和警告
11	报文结束符，“$$”表示

10.2.4　报文实例 4：热带气旋升级

10.2.4.1　报文内容

报文：WTPZ62 KNHC 201941

序号：01 02　03　04

报文：TCUEP2

序号：　05

报文：Hurricane Norma Tropical Cyclone Update

序号：　06

报文：NWS National Hurricane Center Miami FL　EP172023

序号：　07　08

报文：140 PM MDT Fri Oct 20 2023

序号：　09

报文：...NORMA STRENGTHENS BACK INTO A MAJOR HURRICANE...
Air Force Reserve Hurricane Hunter aircraft data indicate that
Hurricane Norma has strengthened back into a major hurricane this
afternoon. The maximum winds are estimated to be 120 mph (195 km/h)
with higher gusts. The initial and forecast intensities will be
updated with the next advisory that will be issued at 300 PM MDT
(2100 UTC).

序号：　10

报文：SUMMARY OF 140 PM MDT...1940 UTC...INFORMATION

序号：　11

报文：--

报文：LOCATION...19.9N 109.7W

序号：　12

报文：ABOUT 210 MI...335 S OF CABO SAN LUCAS MEXICO
ABOUT 360 MI...575 KM W MANZANILLO MEXICO

序号：　13

报文：MAXIMUM SUSTAINED WINDS...120 MPH...195 KM/H

序号：　14

报文：MOVEMENT...NNW OR 330 DEGREES AT 8 MPH...13 KM/H

序号：　15

报文：MINIMUM CENTRAL PRESSURE...955 MB...28.20 INCHES

序号：　16

10.2.4.2 报文解析（见表 10.4）

表 10.4　报文实例 4 逐词解析

序号	要素含义
01	简式报头中的 TT；WT
02	简式报头中的 AA；PZ 表示：报文涉及东太平洋海域
03	编报中心代码；KNHC 表示：RSMC KNHC 热带气旋区域中心
04	编报日期时间 DDHHMM（UTC）；表示 20 日 19 时 41 分
05	美国报文类型+区域，TCU 表示 Tropical Cyclone Update，EP 表示 Eastern Pacific
06	本次过程的第几次编报
07	编报中心全称
08	台风编号，EP172023
09	当地观测时间
10	固定字段，热带气旋的重大变化。及时提供如登陆的时间和地点，或宣布预期的强度变化，从而导致状态的升级或降级。当监视或警报生效时，提供有关热带气旋中心位置的连续信息，用雷达方便地跟踪中心，提前告知下次发布时间
11	当地观测时间
12	中心位置
13	距陆地距离
14	最大风速
15	移向移速
16	中心最低气压

10.2.5 报文实例 5：热带气旋有效时间事件代码

10.2.5.1 报文内容

报文：WTNT82 KNHC 152058

序号：01 02　　03　　04

报文：TCVAT2
序号：　05
报文：FIONA WATCH/WARNING ADVISORY NUMBER 6
序号：　　　　　　　06
报文：NWS NATIONAL HURRICANE CENTER MIAMI FL　　AL072022
序号：　　　　　　　07　　　　　　　　　08
报文：458 PM EDT THU SEP 15 2022
序号：　　　09
报文：.TROPICAL STORM FIONA
CAUTION...THIS PRODUCT ONLY APPROXIMATELY CONVEYS THE EXTENT OF TROPICAL CYCLONE WIND AND SURGE WATCHES AND WARNINGS. PLEASE SEE THE LATEST PUBLIC ADVISORY FROM THE NATIONAL HURRICANE CENTER FOR THE PRECISE LATERAL EXTENT OF WIND WATCHES AND WARNINGS ALONG THE COAST...AS WELL AS THE APPROXIMATE LATERAL EXTENT OF SURGE WATCHES AND WARNINGS. THE PRECISE EXTENT OF SURGE WATCHES AND WARNINGS CAN BE FOUND IN THE NWS NATIONAL DIGITAL FORECAST DATABASE HAZARD GRIDS.
序号：　　　10
报文：PRZ001>013-VIZ001-002-160500-
序号：1112　13　　1112　13　　14
报文：/O.NEW.KNHC.TR.A.1007.220915T2058Z-000000T0000Z/
序号：15　16　17　18 19 20　　　21
报文：458 PM AST THU SEP 15 2022
序号：　　　22

10.2.5.2　报文解析（见表 10.5）

表 10.5　报文实例 5 逐词解析

序号	要素含义
01	简式报头中的 TT；WT
02	简式报头中的 AA；NT 表示：报文涉及北大西洋海域
03	编报中心代码；KNHC 表示：RSMC KNHC 热带气旋区域中心
04	编报日期时间 DDHHMM（UTC）；表示 15 日 20 时 58 分
05	美国报文类型+区域，TCV 表示 Tropical Cyclone Valid Time Event Code，AT 表示 Atlantic
06	本次过程的第几次编报
07	编报中心全称
08	台风编号，AL072022
09	当地观测时间
10	固定字段，热带气旋风浪监视和警告的程度。及时提供了解海岸地区风力监测和警报的精确横向范围，以及海浪监测和警报的大致横向范围等信息

续表

序号	要素含义
11	地区名或者海洋区缩写，PR：波多黎各，VI：美属维尔京群岛
12	固定字段，表示NWS唯一编号地区
13	地区编号，PRZ001>013表示波多黎各的001，002，003，……，013地区；VIZ001-002表示美属维尔京群岛的001和002地区
14	报文失效时间
15	固定字段，O表示业务产品 扩展内容：T表示测试；E表示试验产品；X表示准业务化产品
16	固定字段，NEW用于过程的初始发布 扩展内容：CON 用于现有过程提供更新时使用；EXA 用于当现有过程从以前状态中扩展，且对有效时间没有更改时使用，包括对已经存在的过程的升级、降级或替换；UPG 用于同一区域现有过程升级时使用；CAN用于该过程的取消
17	固定字段，编报中心代码；KNHC表示：KNHC热带气旋区域中心
18	固定字段，天气过程代码，TR表示热带风暴 扩展内容：HU= Hurricane 表示飓风，TY=Typhoon 表示台风，EW=Extreme Wind 表示极端风，SS=Storm Surge表示风暴潮
19	固定字段，报文类型代码，A=Watch表示监视 扩展内容：W=Warning 表示警报，Y=Advisory 表示咨询，F=Forecast 表示预报，O=Outlook表示展望
20	固定字段，事件跟踪号码，“1007”其中第1位表示大西洋海域，第2～4位表示过程编号。即大西洋海域的第7次过程 扩展内容：“2022”其中第1位表示东太平洋海域，第2～4位表示过程编号。即东太平洋海域的第22次过程。“3011”其中第1位表示中太平洋海域，第2～4位表示过程编号。即中太平洋海域的第11次过程。“4001”其中第1位表示西太平洋海域，第2～4位表示过程编号。即西太平洋海域的第1次过程
21	表示本次热带气旋有效时间事件代码的起止时间
22	当地观测时间

10.2.6 报文实例6：热带气旋预测推理公告

10.2.6.1 报文内容

报文：WDPN31 PGTW 090900

序号：01 02 03 04

报文：MSGID/GENADMIN/JOINT TYPHOON WRNCEN PEARL HARBOR HI//

序号：05

报文：SUBJ/PROGNOSTIC REASONING FOR TROPICAL STORM 24W (HALONG) WARNING NR 028//

序号：06

报文：RMKS/

序号：07

报文：1. FOR METEOROLOGISTS.

序号：　　08

报文：2. 6 HOUR SUMMARY AND ANALYSIS.

TROPICAL STORM 24W (HALONG)，LOCATED APPROXIMATELY 768 NM NORTH-NORTHWEST OF WAKE ISLAND, HAS TRACKED EASTWARD AT 13 KNOTS OVER THE PAST SIX HOURS. ANIMATED MULTISPECTRAL SATELLITE IMAGERY (MSI) DEPICTS A FULLY-EXPOSED LOW LEVEL CIRCULATION CENTER WITH THE LIMITED REMAINING CONVECTION SHEARED TO THE SOUTHEAST. ADDITIONALLY, BASED ON SHALLOW BANDING SEEN IN A 090522Z SSMIS 37GHZ MICROWAVE IMAGE, THE INITIAL POSITION IS PLACED WITH GOOD CONFIDENCE. THE INITIAL INTENSITY IS ASSESSED AT 40 KNOTS BASED ON A 090610Z ADVANCED DVORAK TECHNIQUE ESTIMATE OF 39 KNOTS. ENVIRONMENTAL ANALYSIS SHOWS THAT TS 24W EXISTS IN A REGION OF VERY HIGH (30-40 KTS) VERTICAL WIND SHEAR (VWS) AND LOW (LESS THAN 25 CELSIUS) SEA SURFACE TEMPERATURES (SST). ADDITIONALLY, THE POLEWARD OUTFLOW HAS NOW CUTOFF UPPER LEVEL SUPPORT FOR TS 24W. TS 24W IS TRACKING WITHIN THE MID-LATITUDE WESTERLY FLOW. TS 24W IS ASSESSED TO BE TRANSITIONING FROM A TROPICAL TO AN EXTRATROPICAL SYSTEM AT THIS TIME.

序号：　　09

报文：3. FORECAST REASONING.

A. THERE IS NO SIGNIFICANT CHANGE TO THE FORECAST PHILOSOPHY FROM THE PREVIOUS PROGNOSTIC REASONING MESSAGE.

B. TS 24W WILL TRACK EAST-NORTHEASTWARD THROUGH THE REMAINDER OF THE FORECAST PERIOD. AS THE SYSTEM TRANSITS, IT WILL RAPIDLY WEAKEN AS IT COMPLETES EXTRATROPICAL TRANSITION (ETT) AND INTERACTS WITH THE BAROCLINIC ZONE. ETT IS EXPECTED TO BE COMPLETE BY TAU 24. THE NUMERICAL MODELS ARE IN TIGHT AGREEMENT, SUPPORTING HIGH CONFIDENCE IN THE JTWC FORECAST TRACK.//

序号：　　10

10.2.6.2　报文解析（见表 10.6）

表 10.6　报文实例 6 逐词解析

序号	要素含义
01	简式报头中的 TT；WD
02	简式报头中的 AA；PN 表示：报文涉及北太平洋海域
03	编报中心代码；PGTW 表示：美国 PGTW 编报中心
04	编报日期时间 DDHHMM（UTC）；表示 09 日 09 时 00 分
05	编报中心全称

续表

序号	要素含义
06	台风编号（台风名）预测推理公告的第 28 次分析
07	固定字段，备注行
08	备注行第一部分
09	备注行第二部分，6 小时总结和分析
10	备注行第三部分，预报依据

10.2.7 报文实例 7：热带气旋生成警报

10.2.7.1 报文内容

报文：WTPN21 PHNC 130000

序号：01 02 03 04

报文：MSGID/GENADMIN/JOINT TYPHOON WRNCEN PEARL HARBOR HI//

序号：05

报文：SUBJ/TROPICAL CYCLONE FORMATION ALERT (INVEST 92E)//

序号：06 07

报文：RMKS/

序号：08

报文：1. FORMATION OF A SIGNIFICANT TROPICAL CYCLONE IS POSSIBLE WITHIN 120 NM EITHER SIDE OF A LINE FROM 11.8N 100.4W TO 16.1N 100.2W WITHIN THE NEXT 12 TO 24 HOURS. AVAILABLE DATA DOES NOT JUSTIFY ISSUANCE OF NUMBERED TROPICAL CYCLONE WARNINGS AT THIS TIME. WINDS IN THE AREA ARE ESTIMATED TO BE 20 TO 25 KNOTS. METSAT IMAGERY AT 130000Z INDICATES THAT A CIRCULATION CENTER IS LOCATED

序号：09

报文：NEAR 12.7N 100.5W. THE SYSTEM IS MOVING WEST-NORTHWESTWARD AT 05

序号：09 10

报文：KNOTS.

序号：10

报文：2. REMARKS:

AN AREA OF CONVECTION (INVEST 92E) HAS PERSISTED NEAR 12.7N 100.5W APPROXIMATELY 1503 NM SOUTHEAST OF SAN DIEGO, CALIFORNIA. ANIMATED MULTISPECTRAL SATELLITE IMAGERY (MSI) AND AN 130105Z 91GHZ SSMIS IMAGE REVEALS INCREASINGLY DEEP CONVECTION IN THE SOUTHERN SEMICIRCLE. ENVIRONMENTAL ANALYSIS REVEALS THE AREA IS IN A GENERALLY FAVORABLE AREA FOR DEVELOPMENT DEFINED BY FAIR DIFFLUENT

OUTFLOW ALOFT, MARGINAL (10-15KT) VERTICAL WIND SHEAR, AND WARM (28-29C) SEA SURFACE TEMPERATURES. GLOBAL MODELS ARE IN AGREEMENT THAT INVEST 92E WILL MOVE GENERALLY NORTH OVER THE NEXT 24-48 HOURS. MAXIMUM SUSTAINED SURFACE WINDS ARE ESTIMATED AT 20 TO 25 KNOTS. MINIMUM SEA LEVEL PRESSURE IS ESTIMATED TO BE NEAR 1004 MB. THE POTENTIAL FOR THE DEVELOPMENT OF A SIGNIFICANT TROPICAL CYCLONE WITHIN THE NEXT 24 HOURS IS HIGH.

序号： 11

报文：3. THIS ALERT WILL BE REISSUED, UPGRADED TO WARNING OR CANCELLED BY 140000Z.//

序号： 12

10.2.7.2 报文解析（见表 10.7）

表 10.7 报文实例 7 逐词解析

序号	要素含义
01	简式报头中的 TT；WT
02	简式报头中的 AA；PN 表示：报文涉及北太平洋海域
03	编报中心代码；PHNC 表示：美国 PHNC 编报中心
04	编报日期时间 DDHHMM（UTC）；表示 13 日 00 时 00 分
05	编报中心全称
06	报文类型全称
07	潜在台风编号
08	固定字段，备注行
09	中心位置
10	移向移速
11	备注行第二部分，总结和分析
12	备注行第三部分，下次发报时间

10.2.8 报文实例 8：热带气旋警告

10.2.8.1 报文内容

报文：WTPS31 PGTW 222100

序号：01 02 03 04

报文：MSGID/GENADMIN/JOINT TYPHOON WRNCEN PEARL HARBOR HI//

序号： 05

报文：SUBJ/TROPICAL CYCLONE 15P (OMA) WARNING NR 044//

序号： 06 07

报文：RMKS/

1. TROPICAL CYCLONE 15P (OMA) WARNING NR 044

01 ACTIVE TROPICAL CYCLONE IN SOUTHPAC

MAX SUSTAINED WINDS BASED ON ONE-MINUTE AVERAGE

WIND RADII VALID OVER OPEN WATER ONLY

报文：WARNING POSITION:

序号：08

报文：221800Z --- NEAR 27.4S 160.9E

序号：09 10

报文：MOVEMENT PAST SIX HOURS - 105 DEGREES AT 09 KTS

序号：11

报文：POSITION ACCURATE TO WITHIN 040 NM

序号：12

报文：POSITION BASED ON CENTER LOCATED BY SATELLITE

报文：PRESENT WIND DISTRIBUTION:

报文：MAX SUSTAINED WINDS - 035 KT, GUSTS 045 KT

序号：13 14

报文：WIND RADII VALID OVER OPEN WATER ONLY

DISSIPATING AS A SIGNIFICANT TROPICAL CYCLONE OVER WATER

RADIUS OF 034 KT WINDS - 150 NM NORTHEAST QUADRANT

240 NM SOUTHEAST QUADRANT

270 NM SOUTHWEST QUADRANT

255 NM NORTHWEST QUADRANT

序号：15

报文：REPEAT POSIT: 27.4S 160.9E

报文：FORECASTS:

序号：16

报文：12 HRS, VALID AT:

序号：17

报文：230600Z --- 27.2S 162.0E

序号：17 18

报文：MAX SUSTAINED WINDS - 030 KT, GUSTS 040 KT

序号：19 20

报文：WIND RADII VALID OVER OPEN WATER ONLY

DISSIPATING AS A SIGNIFICANT TROPICAL CYCLONE OVER WATER

VECTOR TO 24 HR POSIT: 040 DEG/ 05 KTS

序号：21

报文：---

报文：24 HRS, VALID AT:

序号：　　　22

报文：231800Z --- 26.4S 162.7E

序号：　22　　　　23

报文：MAX SUSTAINED WINDS - 030 KT, GUSTS 040 KT

序号：　　　　　　　　　24　　　　　　　25

报文：WIND RADII VALID OVER OPEN WATER ONLY

DISSIPATED AS A SIGNIFICANT TROPICAL CYCLONE OVER WATER

报文：REMARKS:

222100Z POSITION NEAR 27.4S 161.2E.

TROPICAL CYCLONE 15P (OMA), LOCATED APPROXIMATELY 421 NM EAST OF BRISBANE, AUSTRALIA, HAS TRACKED EAST-SOUTHEASTWARD AT 09 KNOTS OVER THE PAST SIX HOURS. ANIMATED ENHANCED INFRARED SATELLITE IMAGERY DEPICTS A RAPIDLY WEAKENING SYSTEM DEVOID OF CONVECTION AND A FULLY EXPOSED, BROAD AND DIFFUSE LLCC. THE INITIAL POSITION IS PLACED WITH HIGH CONFIDENCE BASED ON THE EXPOSED LLCC AND IS SUPPORTED BY A 221832Z SSMIS 37GHZ MICROWAVE IMAGE SHOWING WEAK RAINBANDS WRAPPING INTO THE BROAD CIRCULATION CENTER. THE INITIAL INTENSITY REMAINS AT 35 KNOTS, HEDGED SLIGHTLY HIGHER THAN THE PGTW DVORAK INTENSITY ESTIMATE OF T2.0 (30 KNOTS) IN LIGHT OF A PARTIAL ASCAT PASS FROM 221039Z WHICH INDICATED A BROAD AREA OF 35-40 KNOT WINDS IN THE EASTERN SEMICIRCLE OF THE SYSTEM. TC 15P LIES IN A UNFAVORABLE ENVIRONMENT WITH MODERATE TO HIGH (25-30 KNOTS) VWS, LOW SSTS OF 26 CELSIUS AND UPPER-LEVEL SUBSIDENCE ON THE NORTHERN SIDE OF THE SYSTEM, OFFSETTING THE CONTINUED ROBUST POLEWARD OUTFLOW. TC 15P IS NOW TRACKING EASTWARD AS STEERING HAS SHIFTED TO THE STRONG RIDGE BUILDING IN FROM THE SOUTHWEST. OVER THE NEXT 24 HOURS, THE SYSTEM WILL CURVE EQUATORWARD AS THE STEERING RIDGE CONTINUES TO BUILD IN FROM THE WEST. THIS DEEP RIDGE WILL ALSO CUT OFF THE POLEWARD OUTFLOW CHANNEL THAT IS HELPING TO MAINTAIN THE INTENSITY, LEADING TO A FURTHER WEAKENING, WHICH COUPLED WITH ENTRAINMENT OF DRY, STABLE AIR AND SUBSIDENCE WILL LEAD TO DISSIPATION OVER WATER BY TAU 24. NUMERICAL MODEL GUIDANCE IS IN GOOD AGREEMENT ON THE OVERALL SCENARIO, WITH SOME VARIANCE IN THE WIDTH OF THE EQUATORWARD TURN. THE JTWC FORECAST LIES JUST EAST OF THE MULTI-MODEL CONSENSUS WITH HIGH CONFIDENCE. MAXIMUM SIGNIFICANT WAVE HEIGHT AT 221800Z IS 20 FEET. NEXT

WARNINGS AT 230300Z，230900Z AND 231500Z.//

序号： 26

10.2.8.2 报文解析（见表 10.8）

表 10.8 报文实例 8 逐词解析

序号	要素含义
01	简式报头中的 TT；WT
02	简式报头中的 AA；PS 表示：报文涉及南太平洋海域
03	编报中心代码；PGTW 表示：美国 PGTW 编报中心
04	编报日期时间 DDHHMM（UTC）；表示 22 日 21 时 00 分
05	编报中心全称
06	台风等级、编号，及台风名
07	报文编号
08	固定字段，警报位置提示行
09	警报时间（相当于预报的起报时间）
10	中心位置
11	过去 6 小时移向移速
12	位置精度
13	中心最大风速
14	中心极大风速
15	风力级别为 34 节的风圈半径
16	固定字段，预报提示行
17	预报时效，12 小时
18	中心位置
19	中心最大风速
20	中心极大风速
21	未来 24 小时移向移速
22	预报时效，24 小时
23	中心位置
24	中心最大风速
25	中心极大风速
26	固定字段，备注行

10.2.9 美国报文的报头总结

10.2.9.1 编报中心为 KNHC、PHFO 和 PGUM

美国不同编报中心编发 WT 报使用的报头编码梳理，见表 10.9。

表 10.9 报文类型对应编码

报文类型名称	描述地区	报头编码
Tropical Cyclone Public Advisory	Atlantic Basin	WTNT31-35 KNHC
	Eastern Pacific Ocean	WTPZ31-35 KNHC
	Central Pacific Ocean	WTPA31-35 PHFO
	Western Pacific Ocean	WTPQ31-35 PGUM
Tropical Cyclone Forecast/Advisory	Atlantic Basin	WTNT21-25 KNHC
	Eastern Pacific Ocean	WTPZ21-25 KNHC
	Central Pacific Ocean	WTPA21-25 PHFO
Tropical Cyclone Discussion	Atlantic Basin	WTNT41-45 KNHC
	Eastern Pacific Ocean	WTPZ41-45 KNHC
	Central Pacific Ocean	WTPA41-45 PHFO
Tropical Cyclone Update	Atlantic Basin	WTNT61-65 KNHC
	Eastern Pacific Ocean	WTPZ61-65 KNHC
	Central Pacific Ocean	WTPA61-65 PHFO
Tropical Cyclone Valid Time Event Code	Atlantic Basin	WTNT81-85 KNHC
	Eastern Pacific Ocean	WTPZ81-85 KNHC
	Central Pacific Ocean	WTPA81-85 PHFO

报头中的 ii 部分，即“21-25”，其中，第 1 个 i=“2”是固定部分，而第 2 个 i=“1-5”是按台风过程编号分配；即，大西洋海域的第 1、第 6 或第 11 次台风过程的 WT 的 Tropical Cyclone Update 报，将按照报头 “WTNT61 KNHC”的方式进行编发；中太平洋海域的第 2、第 7 或第 12 次台风过程的 WT 的 Tropical Cyclone Valid Time Event Code 报，将按照报头“WTPA82 PHFO”的方式进行编发，以此类推。

10.2.9.2 编报中心为 PGTW 和 PHNC

美国不同编报中心编发 WD 和 WT 报使用的报头编码梳理，见表 10.10。

表 10.10 报文类型对应编码

报文类型名称	描述地区	报头编码
Prognostic Reasoning Bulletin	Northwest Pacific Ocean	WDPN10-19 PGTW
	North Indian Ocean	WDIO10-19 PGTW
	South Pacific Ocean	WDPS10-19 PGTW
	Southern Indian Ocean	WDXS10-19 PGTW
Tropical Cyclone Formation Alert	Northwest Pacific Ocean	WTPN21-26 PGTW
	North Indian Ocean	WTIO21-26 PGTW
	South Pacific Ocean	WTPS21-26 PGTW
	Southern Indian Ocean	WTXS21-26 PGTW
	Central North Pacific Ocean	WTPZ21-25 PHNC

续表

报文类型名称	描述地区	报头编码
Tropical Cyclone Warning	Northwest Pacific Ocean	WTPN31-36 PGTW
	North Indian Ocean	WTIO31-36 PGTW
	South Pacific Ocean	WTPS31-36 PGTW
	Southern Indian Ocean	WTXS31-36 PGTW
	Central North Pacific Ocean	WTPZ31-35 PHNC

10.3 英国报文解析

10.3.1 报文实例 9：台风指导报

10.3.1.1 报文内容

报文：WTNT80 EGRR 210410

序号：01 02 03 04

报文：MET OFFICE TROPICAL CYCLONE GUIDANCE FOR NORTH-EAST PACIFIC AND ATLANTIC

序号：05

报文：GLOBAL MODEL DATA TIME 00UTC 21.01.2024

序号：06

报文：NEW TROPICAL STORM FORECAST TO DEVELOP AFTER 18 HOURS

报文：FORECAST POSITION AT T+ 18 : 23.6S 39.0W

序号：07 08

报文：VERIFYING TIME POSITION STRENGTH TENDENCY

报文：-------------- -------- -------- --------

报文：00UTC 22.01.2024 24.5S 37.3W WEAK WEAKENING RAPIDLY

报文：12UTC 22.01.2024 26.3S 34.5W WEAK LITTLE CHANGE

报文：00UTC 23.01.2024 28.9S 31.6W MODERATE LITTLE CHANGE

报文：12UTC 23.01.2024 32.7S 28.9W MODERATE LITTLE CHANGE

报文：00UTC 24.01.2024 34.8S 27.0W MODERATE LITTLE CHANGE

报文：12UTC 24.01.2024 34.2S 25.1W WEAK LITTLE CHANGE

报文：00UTC 25.01.2024 34.1S 22.1W WEAK WEAKENING SLIGHTLY

报文：12UTC 25.01.2024 34.5S 19.0W WEAK LITTLE CHANGE

报文：00UTC 26.01.2024 35.8S 15.9W WEAK LITTLE CHANGE

序号：09 10 11 12

报文： 12UTC 26.01.2024 BELOW TROPICAL STORM STRENGTH

报文： NEW TROPICAL STORM FORECAST TO DEVELOP AFTER 114 HOURS

报文： FORECAST POSITION AT T+114 : 21.4S 34.0W

报文： VERIFYING TIME POSITION STRENGTH TENDENCY

报文： -------------- -------- -------- --------

报文： 00UTC 26.01.2024 21.9S 34.4W WEAK WEAKENING RAPIDLY

报文： 12UTC 26.01.2024 23.1S 34.2W WEAK LITTLE CHANGE

报文： 00UTC 27.01.2024 23.6S 34.6W WEAK LITTLE CHANGE

报文： 12UTC 27.01.2024 22.8S 35.4W WEAK LITTLE CHANGE

报文： 00UTC 28.01.2024 24.0S 34.3W WEAK LITTLE CHANGE

序号： 09 10 11 12

报文： THIS INFORMATION IS PROVIDED AS GUIDANCE FOR TROPICAL CYCLONE RSMCS. IT REQUIRES INTERPRETATION BY TROPICAL CYCLONE SPECIALISTS AND SHOULD NOT BE CONSIDERED AS A FINAL PRODUCT.

BULLETINS ARE NOW AVAILABLE WHICH PROVIDE EXPLICIT GUIDANCE ON CENTRAL PRESSURE AND MAXIMUM WIND SPEED.

MET OFFICE, EXETER, UK

TOO 210410

序号： 04

10.3.1.2 报文解析（见表 10.11）

表 10.11 报文实例 9 逐词解析

序号	要素含义
01	简式报头中的 TT；WT
02	简式报头中的 AA；NT 表示：报文涉及北大西洋海域
03	编报中心代码；EGRR 表示：英国 EGRR 编报中心
04	日期时间 DDHHMM（UTC）；表示 21 日 04 时 10 分
05	报文类型及涉及区域，TROPICAL CYCLONE GUIDANCE FOR NORTH-EAST PACIFIC AND ATLANTIC
06	起报时间，2024 年 1 月 21 日 00 时（UTC）
07	预报时效
08	预报中心位置
09	预报验证时间
10	预报中心位置
11	预报台风强度
12	预报运动趋势

10.4 古巴报文解析

10.4.1 报文实例 10：热带风暴咨询

10.4.1.1 报文内容

报文：WTCU31 MUHA 031330

序号：01 02 03 04

报文：OFICINA DE VIGILANCIA Y PRONOSTICOS METEOROLOGICOS ECASA

DIRECCION DE SERVICIOS AERONAUTICOS

PARTIR DE UN AREA DE BAJAS PRESIONES EN EL SURESTE DEL GOLFO DE MEXICO SE HA DESARROLLADO LA TORMENTA TROPICAL KAREM.

TORMENTA TROPICAL KAREM

序号：05

报文：NOTA INFORMATIVA NRO.1 03 OCTUBRE 2013 1300UTC

序号：06 07

报文：LOC. A LAS 1300UTC EN LOS 22.0N 87.6W

序号：08

报文：MOV. NNE 11 NUDOS (20KPH)

序号：09

报文：VTOS MAX: 50 NUDOS (92KPH)

序号：10

报文：PROXIMA NOTA: 1700UTC

序号：11

10.4.1.2 报文解析（见表 10.12）

表 10.12 报文实例 10 逐词解析

序号	要素含义
01	简式报头中的 TT；WT
02	简式报头中的 AA；CU 表示：报文涉及古巴
03	编报中心代码；MUHA 表示：古巴 MUHA 编报中心
04	日期时间 DDHHMM（UTC）；表示 03 日 13 时 30 分
05	台风等级+台风名，TORMENTA TROPICAL 热带风暴 KAREM
06	固定字段，报文类型及编号，NOTA INFORMATIVA 第一份
07	固定字段，报文编报时间（UTC）2013 年 10 月 03 日 13 时 00 分
08	中心位置，北纬 22.0 度，西经 87.6 度
08	移向移速，北北东方向 11 节
09	中心持续风（最大风速），50 节
10	下一次咨询发布时间

10.5　日本报文解析

10.5.1　报文实例 11：热带气旋咨询

10.5.1.1　报文内容

报文：WTPQ50 RJTD 240600

序号：01 02 03 04

报文：RSMC TROPICAL CYCLONE ADVISORY

序号：05

报文：NAME　TY 1512 HALOLA (1512)

序号：06

报文：ANALYSIS

序号：07

报文：PSTN　240600UTC 24.8N 131.8E GOOD

序号：08 09

报文：MOVE　W 08KT

序号：10

报文：PRES　960HPA

序号：11

报文：MXWD　075KT

序号：12

报文：GUST　105KT

序号：13

报文：50KT　40NM

序号：14 15

报文：30KT　120NM

序号：14 15

报文：FORECAST

序号：16

报文：24HF　250600UTC 27.1N 129.1E 70NM 70%

序号：17 18 19 20

报文：MOVE　NW 09KT

序号：21

报文：PRES　965HPA

序号：22

报文：MXWD　075KT

序号：23

报文：GUST 105KT

序号： 24

报文：48HF 260600UTC 32.6N 127.8E 140NM 70%

序号： 17 18 19 20

报文：MOVE N 14KT

序号： 21

报文：PRES 985HPA

序号： 22

报文：MXWD 055KT

序号： 23

报文：GUST 080KT

序号： 24

报文：72HF 270600UTC 37.2N 131.9E 250NM 70% TROPICAL DEPRESSION =

序号： 17 18 19 20 25 26

10.5.1.2 报文解析（见表 10.13）

表 10.13 报文实例 11 逐词解析

序号	要素含义
01	简式报头中的 TT；WT
02	简式报头中的 AA；PQ 表示：报文涉及西北太平洋海域
03	编报中心代码；RJTD 表示：RSMC RJTD 热带气旋区域中心
04	日期时间 DDHHMM（UTC）；表示 24 日 06 时 00 分
05	固定字段，报文类型，RSMC TROPICAL CYCLONE ADVISORY
06	固定字段，台风等级+台风编号+台风名 2015 年第 12 号强台风 HALOLA
07	固定字段，表示实况
08	警报时间（相当于预报的起报时间），24 日 06 时 00 分（UTC）
09	中心位置，北纬 24.8 度，东经 131.8 度
10	移向移速，向西速度为 8 节
11	中心气压，960 百帕
12	最大风速，75 节
13	极大风速，105 节
14	风力级别
15	风圈半径
16	固定字段，表示预报
17	预报时效
18	预报时间

续表

序号	要素含义
19	预报中心位置
20	预报中心位置精度
21	预报时效的移向移速
22	预报时效的中心气压
23	预报时效的最大风速
24	预报时效的极大风速
25	固定字段，表示强度预测
26	报文结束符，“=”表示

10.5.2　报文实例 12：热带气旋警告

10.5.2.1　报文内容

报文：WTJP21 RJTD 260000

序号：01 02　03　04

报文：WARNING 260000.

WARNING VALID 270000.

WARNING IS UPDATED EVERY 6 HOURS.

STORM WARNING.

序号：　05

报文：SEVERE TROPICAL STORM 1512 HALOLA (1512) 980 HPA

序号：　06　07

报文：AT 31.0N 129.3E EAST CHINA SEA MOVING NORTH 14 KNOTS.

序号：　08　09

报文：POSITION GOOD.

报文：MAX WINDS 55 KNOTS NEAR CENTER.

序号：　10

报文：RADIUS OF OVER 50 KNOT WINDS 60 MILES SOUTHEAST SEMICIRCLE AND 40

序号：　11　12

报文：MILES ELSEWHERE.

序号：　12

报文：RADIUS OF OVER 30 KNOT WINDS 160 MILES SOUTHEAST SEMICIRCLE AND 120

序号：　11　12

报文：MILES ELSEWHERE.

序号：　12

报文：FORECAST POSITION FOR 261200UTC AT 33.4N 129.3E WITH 50 MILES RADIUS

序号：13 14 15 16

报文：OF 70 PERCENT PROBABILITY CIRCLE.

报文：996 HPA, MAX WINDS 40 KNOTS NEAR CENTER.

序号：17 18

报文：FORECAST POSITION FOR 270000UTC AT 35.2N 131.7E WITH 85 MILES RADIUS

序号：13 14 15 16

报文：OF 70 PERCENT PROBABILITY CIRCLE

报文：1004 HPA.

序号：17

报文：BECOMING TROPICAL DEPRESSION.

序号：19

报文：JAPAN METEOROLOGICAL AGENCY.=

序号：20 21

10.5.2.2 报文解析（见表 10.14）

表 10.14 报文实例 12 逐词解析

序号	要素含义
01	简式报头中的 TT；WT
02	简式报头中的 AA；JP 表示：报文涉及日本
03	编报中心代码；RJTD 表示：RSMC RJTD 热带气旋区域中心
04	日期时间 DDHHMM（UTC）；表示 26 日 00 时 00 分
05	固定字段，警报发出时间，有效时间，相隔发报时间，警报类型
06	固定字段，台风等级+台风编号+台风名 2015 年第 12 号强台风 HALOLA
07	中心气压
08	中心位置
09	移向移速
10	中心最大风速
11	风力等级
12	风圈半径及方位
13	固定字段，表示预报
14	预报时效
15	预报中心位置
16	预报中心位置的精度

续表

序号	要素含义
17	预报中心气压
18	预报中心最大风速
19	固定字段，变化趋势
20	编报中心全程
21	报文结束符，“=”表示

10.5.3 报文实例 13：热带气旋预测推理公告

10.5.3.1 报文内容

报文：WTPQ31 RJTD 260600

序号：01 02 03 04

报文：RSMC TROPICAL CYCLONE PROGNOSTIC REASONING

序号：05

报文：REASONING NO.26 FOR STS 1512 HALOLA (1512)

序号：06 07

报文：1.GENERAL COMMENTS

REASONING OF PROGNOSIS THIS TIME IS SIMILAR TO PREVIOUS ONE.

POSITION FORECAST IS MAINLY BASED ON NWP AND PERSISTENCY.

序号：08

报文：2.SYNOPTIC SITUATION

NOTHING PARTICULAR TO EXPLAIN.

序号：09

报文：3.MOTION FORECAST

POSITION ACCURACY AT 260600 UTC IS GOOD.

STS WILL MOVE AT THE SAME SPEED FOR THE NEXT 24 HOURS.

STS WILL MOVE NORTH-NORTHEAST FOR THE NEXT 12 HOURS THEN MOVE GRADUALLY TO EAST-NORTHEAST.

序号：10

报文：4.INTENSITY FORECAST

STS WILL BE GRADED DOWN TO TD WITHIN 24 HOURS.

STS WILL WEAKEN BECAUSE CYCLONE WILL MOVE INTO LOW SST AREA

FI-NUMBER WILL BE 1.5 AFTER 24 HOURS.=

序号：11 12

10.5.3.2 报文解析（见表 10.15）

表 10.15 报文实例 13 逐词解析

序号	要素含义
01	简式报头中的 TT；WT
02	简式报头中的 AA；PQ 表示：报文涉及西北太平洋海域
03	编报中心代码；RJTD 表示：RSMC RJTD 热带气旋区域中心
04	日期时间 DDHHMM（UTC）；表示 26 日 06 时 00 分
05	固定字段，报文类型，RSMC TROPICAL CYCLONE PROGNOSTIC REASONING
06	固定字段，报文编号
07	固定字段，台风等级+台风编号+台风名 2015 年第 12 号强台风 HALOLA
08	固定字段，表示常规内容
09	固定字段，表示天气情况
10	固定字段，表示轨迹预测
11	固定字段，表示强度预测
12	报文结束符，“=”表示

10.6 中国报文解析

10.6.1 报文实例 14：台风实况与预报

10.6.1.1 报文内容

报文：WTPQ20 BABJ 140000 CCA

序号：01 02 03 04 05

报文：SUBJECTIVE FORECAST

序号：06

报文：TS VAMCO 1519 (1519) INITIAL TIME 140000 UTC

序号：07 08

报文：00HR 15.3N 109.8E 995HPA 20M/S

序号：09 10 11 12

报文：30KTS WINDS 300KM NORTHEAST

序号：13 14

报文：280KM SOUTHEAST

300KM SOUTHWEST

300KM NORTHWEST

序号： 14

报文：MOVE W 10KM/H

序号： 15

报文：P+06HR 15.4N 109.2E 995HPA 20M/S

P+12HR 15.5N 108.6E 996HPA 18M/S

P+18HR 15.3N 107.5E 998HPA 16M/S

P+24HR 15.1N 106.4E 1000HPA 15M/S

P+36HR 14.4N 104.7E 1006HPA 12M/S=

序号： 16 17 18 19 20

10.6.1.2 报文解析（见表 10.16）

表 10.16 报文实例 14 逐词解析

序号	要素含义
01	简式报头中的 TT；WT
02	简式报头中的 AA；PQ 表示：报文涉及西北太平洋海域
03	编报中心代码；BABJ 表示：中国 BABJ 编报中心
04	日期时间 DDHHMM（UTC）；表示 14 日 00 时 00 分
05	固定字段，更正报 CCX，CCA 表示第一次更正
06	固定字段，报文类型，SUBJECTIVE FORECAST 综合预报
07	台风等级+台风名+台风编号，TS VAMCO 1519 (1519)
08	起报时间，14 日 00 时 00 分（UTC）
09	当前时刻
10	中心位置，北纬 15.3 度，东经 109.8 度
11	中心气压。995 百帕
12	最大风速，20 米/秒
13	风力等级
14	风圈半径
15	移向移速
16	预报时效
17	预报中心位置
18	预报时效的中心气压
19	预报时效的最大风速
20	报文结束符，“=”表示

10.6.2 报文实例15：热带低压实况与预报

10.6.2.1 报文内容

报文：WTPQ20 BABJ 130600

序号：01 02 03 04

报文：SUBJECTIVE FORECAST

序号：05

报文：TD 02 INITIAL TIME 130600 UTC

序号：06 07

报文：00HR 15.6N 112.5E 1000HPA 15M/S

序号：08 09 10 11

报文：MOVE W 10KM/H

序号：12

报文：P+12HR 15.7N 111.3E 998HPA 16M/S

序号：13 14 15 16

报文：P+24HR 15.8N 110.0E 996HPA 18M/S=

序号：13 14 14 16 17

10.6.2.2 报文解析（见表10.17）

表10.17 报文实例15逐词解析

序号	要素含义
01	简式报头中的TT；WT
02	简式报头中的AA；PQ表示：报文涉及西北太平洋海域
03	编报中心代码；BABJ表示：中国BABJ编报中心
04	日期时间DDHHMM（UTC）；表示13日06时00分
05	固定字段，报文类型，SUBJECTIVE FORECAST综合预报
06	热带低压及编号，TD02
07	起报时间，13日06时00分（UTC）
08	当前时刻
09	中心位置，北纬15.6度，东经112.5度
10	中心气压，1000百帕
11	最大风速，15米/秒
12	移向移速
13	预报时效
14	预报中心位置
15	预报时效的中心气压
16	预报时效的最大风速
17	报文结束符，“=”表示

10.6.3 报文实例 16：台风警告

10.6.3.1 报文内容

报文：WTSS20 VHHH 151945
序号：01 02 03 04

报文：TROPICAL CYCLONE WARNING
序号：05

报文：SEVERE TYPHOON MELOR (1527) HAS WEAKENED INTO A TYPHOON
序号：06 07

报文：WITH CENTRAL PRESSURE 955 HECTOPASCALS. AT 151800 UTC, IT
序号：08 09

报文：WAS CENTRED WITHIN 60 NAUTICAL MILES OF ONE THREE POINT
序号：10

报文：EIGHT DEGREES NORTH (13.8 N) ONE TWO ZERO POINT THREE
序号：11

报文：DEGREES EAST (120.3 E) AND IS FORECAST TO MOVE WEST SLOWLY
序号：11

报文：FOR THE NEXT 24 HOURS.
MAXIMUM WINDS NEAR THE CENTRE ARE ESTIMATED TO BE 80 KNOTS.
序号：12

报文：RADIUS OF OVER 33 KNOT WINDS 90 NAUTICAL MILES.
RADIUS OF OVER 47 KNOT WINDS 60 NAUTICAL MILES.
RADIUS OF OVER 63 KNOT WINDS 30 NAUTICAL MILES.
序号：13

报文：RADIUS OF OVER 2 METRE WAVES 180 NAUTICAL MILES.
序号：14

报文：FORECAST POSITION AND INTENSITY AT 161800 UTC
序号：15 16

报文：ONE TWO POINT SEVEN DEGREES NORTH (12.7 N)
序号：17

报文：ONE ONE NINE POINT ZERO DEGREES EAST (119.0 E)
序号：17

报文：MAXIMUM WINDS 60 KNOTS.
序号：18

报文：FORECAST POSITION AND INTENSITY AT 171800 UTC
序号：15 16

报文：NINE POINT TWO DEGREES NORTH (9.2 N)
序号：17

报文：ONE ONE FIVE POINT EIGHT DEGREES EAST (115.8 E)

序号：17

报文：MAXIMUM WINDS 40 KNOTS.

序号：18

报文：FORECAST POSITION AND INTENSITY AT 181800 UTC

序号：15 16

报文：FIVE POINT EIGHT DEGREES NORTH (5.8 N)

序号：17

报文：ONE ONE ONE POINT FIVE DEGREES EAST (111.5 E)

序号：17

报文：MAXIMUM WINDS 25 KNOTS.

序号：18

报文：FORECAST POSITION AND INTENSITY AT 191800 UTC

序号：15 16

报文：DISSIPATED OVER SEA.

序号：19

10.6.3.2 报文解析（见表 10.18）

表 10.18 报文实例 16 逐词解析

序号	要素含义
01	简式报头中的 TT；WT
02	简式报头中的 AA；SS 表示：报文涉及中国南海海域
03	编报中心代码；VHHH 表示：中国香港 VHHH 编报中心
04	日期时间 DDHHMM（UTC）；表示 15 日 19 时 45 分
05	固定字段，报文类型，TROPICAL CYCLONE WARNING
06	台风等级+台风名+台风编号，SEVERE TYPHOON MELOR (1527)
07	台风强度变化，WEAKENED 减弱
08	中心气压，955 百帕
09	当前时刻或起报时间，15 日 18 时 00 分（UTC）
10	中心位置精度
11	中心位置，北纬 13.8 度，东经 120.3 度
12	中心最大风速，80 节
13	风力等级及风圈半径
14	超过 2 米海浪的半径范围是 180 海里
15	固定字段，表示预报
16	预报时效

续表

序号	要素含义
17	预报中心位置
18	预报时效的最大风速
19	固定字段，“DISSIPATED OVER SEA”表示在海上消散

10.7　韩国报文解析

10.7.1　报文实例 17：热带气旋咨询

10.7.1.1　报文内容

报文：WTKO20 RKSL 130000
序号：01 02　03　04
报文：KMA TROPICAL CYCLONE ADVISORY NO. 8
序号：05
报文：NAME 1527 MELOR
序号：06
报文：ANALYSIS
序号：07
报文：POSITION 130000UTC 11.9N 130.3E
序号：08　09
报文：MOVEMENT WNW 11KT
序号：10
报文：PRES/VMAX 975HPA 62KT
序号：11　12
报文：FORECAST
序号：13
报文：24HR
序号：14
报文：POSITION 140000UTC 12.6N 126.8E WITHIN 75NM
序号：15　16　17
报文：PRES/VMAX 960HPA 76KT
序号：18　19
报文：48HR
序号：14

报文：POSITION 150000UTC 13.1N 123.4E WITHIN 125NM

序号：15 16 17

报文：PRES/VMAX 970HPA 68KT

序号：18 19

报文：72HR

序号：14

报文：POSITION 160000UTC 13.6N 120.3E WITHIN 175NM

序号：15 16 17

报文：PRES/VMAX 980HPA 56KT

序号：18 19

报文：96HR

序号：14

报文：POSITION 170000UTC 12.6N 118.7E WITHIN 250NM

序号：15 16 17

报文：PRES/VMAX 990HPA 47KT

序号：18 19

报文：120HR

序号：14

报文：POSITION 180000UTC 10.4N 115.2E WITHIN 0NM

序号：15 16 17

报文：PRES 1000HPA

序号：18

报文：KOREA METEOROLOGICAL ADMINISTRATION.

序号：20

10.7.1.2 报文解析（见表 10.19）

表 10.19 报文实例 17 逐词解析

序号	要素含义
01	简式报头中的 TT；WT
02	简式报头中的 AA；KO 表示：报文涉及韩国
03	编报中心代码；RKSL 表示：韩国 RKSL 编报中心
04	日期时间 DDHHMM（UTC）；表示 13 日 00 时 00 分
05	固定字段，报文类型及编号，KMA TROPICAL CYCLONE ADVISORY 第 8 份
06	台风编号+台风名，1527 MELOR
07	固定字段，表示实况
08	当前时刻或起报时间，13 日 00 时 00 分（UTC）
09	中心位置，北纬 11.9 度，东经 130.3 度

续表

序号	要素含义
10	移向移速，向西北西方向移动 11 节
11	中心气压，975 百帕
12	中心最大风速，62 节
13	固定字段，表示预报
14	预报时效
15	预报时间
16	预报中心位置
17	预报中心位置精度
18	预报中心气压
19	预报最大风速
20	报文结束符也是编发报文单位，“KOREA METEOROLOGICAL ADMINISTRATION.”

10.8　菲律宾报文解析

10.8.1　报文实例 18：警告

10.8.1.1　报文内容

报文：WTPH01 RPMM 120000

序号：01 02　03　04

报文：TTT WARNING 04

序号：　05

报文：AT 0000 12 SEPTEMBER TROPICAL DEPRESSION WAS ESTIMATED BASED ON

序号：　06　07

报文：ALL AVAILABLE DATA AT ONE FOUR POINT THREE NORTH ONE TWO ONE POINT

序号：　08　08

报文：NINE EAST FORECAST TO MOVE WEST NORTHWEST AT ZERO FOUR METERS

序号：　08　09

报文：PER SECOND MODERATE TO ROUGH SEAS WITHIN ONE FIVE ZERO KILOMETER

序号：　09

报文：RADIUS ESTIMATED CENTRAL PRESSURE ONE ZERO ZERO ZERO

序号：　10

报文：HECTOPASCALS MAXIMUM WINDS ONE SEVEN METERS PER SECOND NEAR

序号：10 11

报文：THE CENTER ONE THREE METERS PER SECOND WITHIN ONE FIVE ZERO

序号：12

报文：KILOMETER RADIUS FORCAST POSITIONS

序号：12 13

报文：AT 130000 ONE FIVE POINT TWO NORTH ONE ONE EIGTH POINT SEVEN EAST

序号：14 15

报文 AT 140000 ONE FIVE POINT NINE NORTH ONE ONE SIX POINT ZERO EAST AT

序号：14 15

报文：150000 ONE SIX POINT NINE NORTH ONE ONE THREE POINT POINT NINE EAST

序号：14 15

报文：AT 160000 ONE EIGHT POINT NINE NORTH ONE ONE ONE POINT ZERO EAST ALL

序号：14 15

报文：SHIPS WITHIN TROPICAL DEPRESSION AREA ARE REQUESTED TO SEND THREE

报文：HOURLY WEAHTER REPORT TO PHILIPPINE ATMOSPHERIC GEOPHYSICAL AND

报文：ASTRONOMICAL SERVICES ADMINISTRATION PD

PAGASA=

序号：16

10.8.1.2 报文解析（见表 10.20）

表 10.20 报文实例 18 逐词解析

序号	要素含义
01	简式报头中的 TT；WT
02	简式报头中的 AA；PH 表示：报文涉及菲律宾
03	编报中心代码；RPMM 表示：菲律宾 RPMM 编报中心
04	日期时间 DDHHMM（UTC）；表示 12 日 00 时 00 分
05	固定字段，报文类型及编号，TTT WARNING 第 4 份
06	当前时刻或起报时间，12 日 00 时 00 分（UTC）
07	台风等级+台风名（台风编号），TROPICAL DEPRESSION 还没有编号和名称，所以只写 TD①
08	中心位置，北纬 14.3 度，东经 121.9 度
09	移向移速，向西北方向移动 4 米/秒
10	中心气压，1000 百帕
11	中心最大风速，17 米/秒
12	风力等级 13 米/秒的风圈半径是 150 千米
13	固定字段，表示预报

① 见表 1.3。

续表

序号	要素含义
14	预报时间
15	预报中心位置
16	报文结束符，“=”表示

10.8.2 报文实例 19：航运警告

10.8.2.1 报文内容

报文：WTPH20 RPMM 180000

序号：01 02 03 04

报文：SECURITE

TROPICAL CYCLONE WARNING FOR SHIPPING NR. 06

序号：05

报文：ISSUED AT 0000UTC，18 DECEMBER 2023 BY DOST-PAGASA, PHILIPPINES

序号：06

报文：TROPICAL DEPRESSION JELAWAT (2317) 1004HPA

序号：07 08

报文：AT 0000UTC, PSTN 07.3N 126.7E MOV STNRY

序号：09 10 11

报文：MXWD 30KT NEAR CTR

序号：12

报文：12-HOUR FCST VLD AT 181200UTC

序号：13

报文：PSTN 08.0N 123.1E, PRES 1004HPA, MWXD 30KT

序号：14 15 16

报文：24-HOUR FCST VLD AT 190000UTC

序号：13

报文：PSTN 08.2N 119.9E, PRES 1006HPA, MWXD 25KT

序号：14 15 16

报文：36-HOUR FCST VLD AT 191200UTC

序号：13

报文：PSTN 08.7N 116.9E, PRES 1006HPA, MWXD 25KT

序号：14 15 16

报文：48-HOUR FCST VLD AT 200000UTC

序号：13

报文：PSTN 09.3N 114.8E, PRES 1004HPA, MWXD 30KT
序号：14 15 16
报文：60-HOUR FCST VLD AT 201200UTC
序号：13
报文：PSTN 09.3N 112.5E, PRES 1002HPA, MWXD 35KT
序号：14 15 16
报文：72-HOUR FCST VLD AT 210000UTC
序号：13
报文：PSTN 08.8N 110.7E, PRES 1000HPA, MWXD 40KT
序号：14 15 16
报文：96-HOUR FCST VLD AT 220000UTC
序号：13
报文：PSTN 06.9N 107.9E, PRES 1002HPA, MWXD 35KT
序号：14 15 16
报文：ALL VESSELS WITHIN 300 NM OF 07.3N 126.7E, SEND 3-HOURLY WX REPORTS. NEXT WARNING 180600UTC
序号：17
报文：WEATHER MANILA=
序号：18

10.8.2.2 报文解析（见表 10.21）

表 10.21 报文实例 19 逐词解析

序号	要素含义
01	简式报头中的 TT；WT
02	简式报头中的 AA；PH 表示：报文涉及菲律宾
03	编报中心代码；RPMM 表示：菲律宾 RPMM 编报中心
04	日期时间 DDHHMM（UTC）；表示 18 日 00 时 00 分
05	固定字段，报文类型及编号，TROPICAL CYCLONE WARNING FOR SHIPPING 第 6 份
06	当前时刻或起报时间，2023 年 12 月 18 日 00 时 00 分（UTC）
07	台风等级+台风名（台风编号），TROPICAL DEPRESSION JELAWAT (2317)
08	中心气压，1004 百帕
09	当前时刻或起报时间，18 日 00 时 00 分（UTC）
10	中心位置，北纬 7.3 度，东经 126.7 度
11	运动趋势，STRNY 不动
12	中心最大风速，30 节
13	预报时间

续表

序号	要素含义
14	预报中心位置
15	预报中心气压
16	预报中心最大风速
17	下一次警告时间
18	报文结束符，“=”表示

10.8.3　报文实例 20：台风实况与预报

10.8.3.1　报文内容

报文：WTPH24 RPMM 040000

序号：01 02　03　04

报文：TTT TYPHOON WARNING 19

序号：　05

报文：TY HAIKUI (2311) TIME 0000 UTC

序号：　06

报文：00 23.3N 119.9E 975HPA 65KT

序号：07　08　09　10

报文：P06HR NNW 10KT

序号：　11　12

报文：P+12 23.9N 119.3E

P+24 24.3N 118.0E

P+36 24.4N 117.2E

P+48 24.5N 116.2E

P+60 24.4N 115.5E

P+72 24.3N 114.7E

序号：　11　13

报文：PAGASA=

序号：　14

10.8.3.2　报文解析（见表 10.22）

表 10.22　报文实例 20 逐词解析

序号	要素含义
01	简式报头中的 TT；WT
02	简式报头中的 AA；PH 表示：报文涉及菲律宾
03	编报中心代码；RPMM 表示：菲律宾 RPMM 编报中心

续表

序号	要素含义
04	日期时间 DDHHMM（UTC）；表示 04 日 00 时 00 分
05	固定字段，报文类型及编号，TTT TYPHOON WARNING 第 19 份
06	台风等级+台风名（台风编号），TY HAIKUI (2311)
07	当前时刻或起报时间，00 时 00 分（UTC）
08	中心位置，北纬 23.3 度，东经 119.9 度
09	中心气压，975 百帕
10	中心最大风速，65 节
11	预报时效
12	移向移速
13	预报中心位置
14	报文结束符，“=”表示

10.9 泰国报文解析

10.9.1 报文实例 21：泰国台风咨询

10.9.1.1 报文内容

报文：WTTH20 VTBB 140000

序号：01 02 03 04

报文：TROPICAL STORM ADVISORY

序号：05

报文：NAME TD

序号：06

报文：PSTN 140000 UTC 11.5 N 115.5 E

序号：07 08

报文：MOVE W 10 KTS

序号：09

报文：PRES 1004 HPA

序号：10

报文：MAXD 30 KT

序号：11

报文：FORECAST

序号：　　12

报文：24 HR 150000 UTC　11.5 N 109.5 E

序号：　13　　14　　　　15

报文：MOVE　W 12 KT

序号：　　16

报文：PRES　1004 HPA

序号：　　17

报文：MAXD　30 KT

序号：　　18

10.9.1.2　报文解析（见表 10.23）

表 10.23　报文实例 21 逐词解析

序号	要素含义
01	简式报头中的 TT；WT
02	简式报头中的 AA；TH 表示：报文涉及泰国
03	编报中心代码；VTBB 表示：泰国 VTBB 编报中心
04	日期时间 DDHHMM（UTC）；表示 14 日 00 时 00 分
05	固定字段，报文类型，TROPICAL STORM ADVISORY
06	台风等级+台风名（台风编号），还没有编号和名称，所以只写 TD
07	当前时刻或起报时间，14 日 00 时 00 分（UTC）
08	中心位置，北纬 11.5 度，东经 115.5 度
09	移向移速，向西 10 节
10	中心气压，1004 百帕
11	中心最大风速，30 节
12	固定字段，表示预报
13	预报时效
14	预报时间
15	预报中心位置
16	预报移向移速
17	预报中心气压，1004 百帕
18	预报中心最大风速，30 节

10.10 印度报文解析

10.10.1 报文实例 22：台风实况与预报

10.10.1.1 报文内容（预报部分内容节选）

报文：WTIN31 DEMS 290620 CCA

序号：01 02 03 04 05

报文：QUADRANT WIND DISTRIBUTION IN ASSOCIATION WITH CYCLONIC STORM

序号：06

报文：CHAPALA OVER ARABIAN SEA

序号：06 07

报文：DATE AND TIME BASED UPON WHICH FORECAST IS PREPARED:

报文：PRESENT DATE AND TIME: 290000 UTC

序号：08

报文：PRESENT POSITION: 13.7 0N/64.30 E

序号：09

报文：POSITION ACCURATE TO 50 KM

序号：10

报文：PRESENT MOVEMENT (DDD/FF) PAST SIX HOURS: 330/04KT

序号：11 12

报文：PRESENT WIND DISTRIBUTION:

报文：MAX SUSTAINED WINDS: 35KT, GUSTS 45 KT

序号：13 14

报文：RADIUS OF MAXIMUM WIND 55 NM

序号：15

报文：WINDS VARY IN EACH QUADRANT

RADII ARE LARGEST RADII EXPECTED ANYWHERE IN THE QUADRANT

WIND RADII VALID OVER OPEN WATER ONLY

FORECASTS:

序号：16

报文：06 HRS, VALID AT:

序号：17

报文：290600Z 14.0N/64.10 E

序号：18 19

报文：MAX SUSTAINED WINDS: 40KT, GUSTS 50KT

序号：20 21

报文：RADIUS OF 028 KT WINDS:

序号：　　　　　22

报文：075 NM SOUTHEAST QUADRANT

序号：　23　　　24

报文：060 NM SOUTHWEST QUADRANT

序号：　23　　　24

报文：065 NM NORTHWEST QUADRANT

序号：　23　　　24

报文：RADIUS OF 034 KT WINDS

序号：　　　　　25

报文：055 NM NORTHEAST QUADRANT

序号：　26　　　27

报文：055 NM SOUTHEAST QUADRANT

序号：　26　　　27

报文：040 NM SOUTHWEST QUADRANT

序号：　26　　　27

报文：045NM NORTHWEST QUADRANT

序号：　26　　　27

报文：12 HRS, VALID AT:

序号：　17

报文：291200Z 14.20N/63.60E

序号：　18　　　19

报文：MAX SUSTAINED WINDS: 45KT,　GUSTS 55KT

序号：　　　　　　20　　　　　　21

报文：RADIUS OF 028 KT WINDS:

序号：　　　　　22

报文：075 NM NORTHEAST QUADRANT

序号：　23　　　24

报文：075 NM SOUTHEAST QUADRANT

序号：　23　　　24

报文：060 NM SOUTHWEST QUADRANT

序号：　23　　　24

报文：065 NM NORTHWEST QUADRANT

序号：　23　　　24

报文：RADIUS OF 034 KT WINDS

序号：　　　　　25

报文：055 NM NORTHEAST QUADRANT

序号：　26　　　27

报文：055 NM SOUTHEAST QUADRANT

序号：　26　　　27

报文：040 NM SOUTHWEST QUADRANT

序号：　26　　　27

报文：045NM NORTHWEST QUADRANT

序号：　26　　　27

报文：18 HRS, VALID AT:

序号：　17

报文：291800Z 14.30N/63.10E

序号：　18　　　19

报文：MAX SUSTAINED WINDS : 50KT,　GUSTS 60KT

序号：　　　　　20　　　　　21

报文：RADIUS OF 028 KT WINDS:

序号：　　　22

报文：095 NM NORTHEAST QUADRANT

序号：　23　　　24

报文：095 NM SOUTHEAST QUADRANT

序号：　23　　　24

报文：080 NM SOUTHWEST QUADRANT

序号：　23　　　24

报文：085 NM NORTHWEST QUADRANT

序号：　23　　　24

报文：RADIUS OF 034 KT WINDS

序号：　　　25

报文：075 NM NORTHEAST QUADRANT

序号：　26　　　27

报文：075 NM SOUTHEAST QUADRANT

序号：　26　　　27

报文：060 NM SOUTHWEST QUADRANT

序号：　26　　　27

报文：065NM NORTHWEST QUADRANT

序号：　26　　　27

报文：RADIUS OF 050 KT WINDS

序号：　　　28

报文：050 NM NORTHEAST QUADRANT

序号：　29　　　30

报文：050 NM SOUTHEAST QUADRANT

序号：　29　　　30

报文：035 NM SOUTHWEST QUADRANT

序号：　29　　　30

报文：040NM NORTHWEST QUADRANT

序号：　29　　　30

报文：……

报文：120 HRS, VALID AT:

序号：　17

报文：030000Z 16.0N/51.70E

序号：　18　　　19

报文：MAX SUSTAINED WINDS: 70KT,　GUSTS 80KT

序号：　　　　　20　　　　　　21

报文：RADIUS OF 028 KT WINDS:

序号：　　　22

报文：105 NM NORTHEAST QUADRANT

序号：　23　　　24

报文：105 NM SOUTHEAST QUADRANT

序号：　23　　　24

报文：090 NM SOUTHWEST QUADRANT

序号：　23　　　24

报文：095 NM NORTHWEST QUADRANT

序号：　23　　　24

报文：RADIUS OF 034 KT WINDS

序号：　　　25

报文：085 NM NORTHEAST QUADRANT

序号：　26　　　27

报文：085 NM SOUTHEAST QUADRANT

序号：　26　　　27

报文：070 NM SOUTHWEST QUADRANT

序号：　26　　　27

报文：075 NM NORTHWEST QUADRANT

序号：　26　　　27

报文：RADIUS OF 050 KT WINDS

序号：　　　28

报文：050 NM NORTHEAST QUADRANT

序号：　29　　　30

报文：050 NM SOUTHEAST QUADRANT

序号：　29　　　30

报文：040 NM SOUTHWEST QUADRANT

序号：　29　　　30

报文：040NM NORTHWEST QUADRANT

序号：　29　　　30

报文：RADIUS OF 064 KT WINDS

序号：　　　　31

报文：035 NM NORTHEAST QUADRANT

序号：　32　　　33

报文：035 NM SOUTHEAST QUADRANT

序号：　32　　　33

报文：030 NM SOUTHWEST QUADRANT

序号：　32　　　33

报文：030 NM NORTHWEST QUADRANT=

序号：　32　　　33　　　　　　　34

10.10.1.2 报文解析（见表 10.24）

表 10.24 报文实例 22 逐词解析

序号	要素含义
01	简式报头中的 TT；WT
02	简式报头中的 AA；IN 表示：报文涉及印度
03	编报中心代码；DEMS 表示：RSMC DEMS 热带气旋区域中心
04	日期时间 DDHHMM（UTC）；表示 29 日 06 时 20 分
05	CCX=更正报；RRX=连续报；按需要填写，CCA 表示第一次更正
06	台风等级+台风名，CYCLONIC STORM=热带风暴；CHAPALA=台风名
07	北印度洋的具体区域
08	当前时刻或起报时间，一般为发报时间的过去 6 小时；29 日 00 时 00 分（UTC）
09	预报的初始时间的中心位置
10	位置精度（单位：千米）
11	过去 6 小时的移向（单位：度）
12	过去 6 小时的移速（单位：海里/时）
13	近中心的最大风速（单位：海里/时）
14	近中心的极大风速（单位：海里/时）
15	最大风速的风圈半径（单位：海里）
16	固定字段，表示预报内容
17	预报时效
18	预报时刻

续表

序号	要素含义
19	中心位置
20	近中心的最大风速（单位：海里/时）
21	近中心的极大风速（单位：海里/时）
22	风力等级为 28 节，7 级风
23	方位（东北、东南、西南、西北）
24	风圈半径（单位：海里）
25	风力等级为 34 节，8 级风
26	方位（东北、东南、西南、西北）
27	风圈半径（单位：海里）
28	风力等级为 50 节，10 级风
29	方位（东北、东南、西南、西北）
30	风圈半径（单位：海里）
31	风力等级为 64 节，12 级风
32	方位（东北、东南、西南、西北）
33	风圈半径（单位：海里）
34	报文结束符，“=”表示

10.10.2　报文实例 23：热带天气展望

10.10.2.1　报文内容

报文：WTIN20 DEMS 140800

序号：01 02　03　04

报文：TROPICAL WEATHER OUTLOOK

序号：　05

报文：DEMS-RSMC TROPICAL CYCLONES NEW DELHI DATED 14.01.2024

序号：　06

报文：TROPICAL WEATHER OUTLOOK FOR NORTH INDIAN OCEAN (THE BAY OF BENGAL AND THE ARABIAN SEA) VALID FOR NEXT 168 HOURS ISSUED AT 0600 UTC OF

序号：　07

报文：14.01.2024 BASED ON 0300 UTC OF 14.01.2024.

序号：　07　08

报文：BAY OF BENGAL:

序号：　09

报文：A CYCLONIC CIRCULATION LAY OVER SRI LANKA & NEIGHBOURHOOD AT 1.5KM ABOVE MEANSEA LEVEL AT 0300 UTC OF 13 TH JANUARY 2024 AND PERSISTED OVER

THESAME REGION AT0300 UTC OF TODAY, THE 14 TH JANUARY, 2024.
SCATTERED LOW AND MEDIUM CLOUDS WITH EMBEDDED ISOLATED WEAKCONVECTION LAYOVER SOUTHBAY OF BENGAL.
PROBABILITY OF CYCLOGENESIS (FORMATION OF DEPRESSION) DURING NEXT 168HRS:

24 HOURS	24-48 HOURS	48-72 HOURS	72-96 HOURS	96-120 HOURS	120-144 HOURS	144-168 HOURS
NIL	NIL	NIL	NIL	NIL	NIL	NIL

NOTE： EVERY 24HR FORECAST IS VALID UPTO 0300 UTC (0830 IST) OF NEXT DAY

序号： 10

报文：ARABIAN SEA:

序号： 11

报文：SCATTERED LOW AND MEDIUM CLOUDS WITH EMBEDDED INTENSE TO VERY INTENSE CONVECTION LAY OVER SOUTH-CENTRAL ARABIAN SEA SOUTH OF LAT 9.0N & ADJOINING EQUITORIAL INDIAN OCEAN.
PROBABILITY OF CYCLOGENESIS (FORMATION OF DEPRESSION) DURING NEXT 168 HRS:

24 HOURS	24-48 HOURS	48-72 HOURS	72-96 HOURS	96-120 HOURS	120-144 HOURS	144-168 HOURS
NIL	NIL	NIL	NIL	NIL	NIL	NIL

NOTE： EVERY 24HR FORECAST IS VALID UPTO 0300 UTC (0830 IST) OF NEXT DAY=

序号：12 13

10.10.2.2 报文解析（见表 10.25）

表 10.25 报文实例 23 逐词解析

序号	要素含义
01	简式报头中的 TT；WT
02	简式报头中的 AA；IN 表示：报文涉及印度
03	编报中心代码；DEMS 表示：RSMC DEMS 热带气旋区域中心
04	日期时间 DDHHMM（UTC）；表示：14 日 08 时 00 分
05	固定字段，报文类型，TROPICAL WEATHER OUTLOOK
06	固定字段，编报中心全称
07	固定字段，168 小时有效时长的起始时间 2024 年 01 月 14 日 06 时（UTC）
08	固定字段，168 小时有效时长的预报依据时间 2024 年 01 月 14 日 03 时（UTC）
09	固定字段，预报范围，孟加拉湾
10	展望内容及 168 小时形成热带低压的概率

续表

序号	要素含义
11	固定字段，预报范围，阿拉伯海
12	展望内容及 168 小时形成热带低压的概率
13	报文结束符，“=”表示

10.10.3 报文实例 24：航运公告

10.10.3.1 报文内容

报文：WTIN01 DEMS 201114

序号：01 02 03 04

报文：SPECIAL GLOBAL MARITIME DISTRESS AND SAFETY SYSTEM (SGMDSS)

序号：05

报文：SHIPPING BULLETIN FOR MET. AREA VIII (N)，NORTH OF EQUATOR

序号：06

报文：VALID FOR 24/48 HOURS FROM 1200 UTC 20 MAY 2016

序号：07

报文：PART I：- THE CYCLONIC STORM \U2018ROANU\U2019 OVER WESTCENTRAL & ADJOINING NORTHWEST BAY OF BENGAL MOVED NORTHEASTWARDS AT A SPEED OF 30 KMPH DURING PAST SIX HOURS AND LAY CENTRED AT 1130 HRS IST OF 20TH MAY，2016 OVER SAME AREA NEAR LATITUDE 18.4O N AND LONGITUDE 84.6E, ABOUT 50 KM EAST-NORTHEAST OF KALINGAPATNAM (ANDHRA PRADESH), 300 KM SOUTH-SOUTHWEST OF PARADIP (ODISHA) AND 870 KM WEST-SOUTHWEST OF CHITTAGONG (BANGLADESH). THE SYSTEM IS LIKELY TO MOVE NORTHEASTWARDS ALONG & OFF NORTH ANDHRA PRADESH AND ODISHA COAST AND INTENSIFY INTO A SEVERE CYCLONIC STORM DURING NEXT 24 HOURS. THEREAFTER, THE SYSTEM IS LIKELY TO MOVE EAST-NORTHEASTWARDS AND CROSS SOUTH BANGLADESH COAST BETWEEN KHEPUPARA AND COX\U2019S BAZAR, CLOSE TO CHITTAGONG IN THE NIGHT OF 21ST MAY, AS A CYCLONIC STORM. (.)

序号：08

报文：PART II: -

WEATHER SEASONAL OVER REST MET AREA VIII(N)

A1 ARABIAN SEA EQUATOR TO 10 DEG. N AND W OF 80 DEG.E (.)

A1-FORECAST FOR 24 HOURS

I)WINDSPEED AND DIRECTION: -

1)W OF 55 DEG E: SW-LY 20/25 KTS(.)

2)E OF 55 DEG E: 1)N-OF 05 DEG N: WNW/W-LY 10/15 KTS(.)

2)S-OF 05 DEG N: -WNW-LY 10/15 KTS BEC W/WSW-LY TO THE E OF 75

DEG E (.)

II)WEATHER: -FAIRLY WIDESPREAD RA/TS TO THE E-OF 60 DEG E (.)

REST AREA ISOLATED RA/TS (.)

III)VISIBILITY: - 4-3 NM TO THE E-OF 60 DEG E (.) REST AREA 8-6 NM(.)

IV)WAVE HEIGHT-1)3-4 M 2)1-2 M (.)

A1-FORECAST FOR 48 HOURS

I)WINDSPEED AND DIRECTION: -

1)W OF 55 DEG E: SW-LY 20/25 KTS(.)

2)E OF 55 DEG E: 1)N-OF 05 DEG N: WNW/W-LY 10/15 KTS(.)

2)S-OF 05 DEG N: -WNW-LY 10/15 KTS BEC W/WSW-LY TO THE E OF 75

DEG E (.)

II)WEATHER: -FAIRLY WIDESPREAD RA/TS TO THE E-OF 60 DEG E (.)

REST AREA ISOLATED RA/TS (.)

III)VISIBILITY: - 4-3 NM TO THE E-OF 60 DEG E (.) REST AREA 8-6 NM(.)

IV)WAVE HEIGHT-1)3-4 M 2)1-2 M (.)

序号： 09

报文：A2-ARABIAN SEA: -23 DEG 45 MIN N 68 DEG E TO 12 DEG N 63 DEG E

TO CAPE GARDAFUI TO N OF 10 DEG N(.)

A2-FORECAST FOR 24 HOURS

I)WINDSPEED AND DIRECTION: -

1)W OF 55 DEG E: SW-LY 15/20 KTS(.)

2)E OF 55 DEG E: WSW/W-LY 15/20 KTS(.)

II)WEATHER: -FAIRLY WIDESPREAD RA/TS TO THE E-OF 70 DEG E (.)

REST AREA SCATTERED RA/TS(.)

III)VISIBILITY: -4-3 NM TO THE E-OF 70 DEG E(.)REST AREA 6-4 NM (.)

IV)WAVE HEIGHT: - 2-3 M(.)

A2-FORECAST FOR 48 HOURS

I)WINDSPEED AND DIRECTION: -

1)W OF 55 DEG E: SW-LY 15/20 KTS(.)

2)E OF 55 DEG E: WSW/W-LY 15/20 KTS(.)

II)WEATHER: -FAIRLY WIDESPREAD RA/TS TO THE E-OF 70 DEG E (.)

REST AREA SCATTERED RA/TS(.)

III)VISIBILITY: -4-3 NM TO THE E-OF 70 DEG E(.)REST AREA 6-4 NM (.)

IV)WAVE HEIGHT: - 2-3 M(.)

序号： 10

报文：A3-BAY OF BENGAL: EQUATOR TO 10 DEG N BETWEEN E OF 80 DEG E

AND WEST OF 10 DEG N/98 DEG 30 MIN E TO 6 DEG N/95 DEG E AND

THENCE S-WARDS TO EQUATOR(.)

A3-FORECAST FOR 24 HOURS
I)WINDSPEED AND DIRECTION: -
1)W OF 95 DEG E: SW-LY 20/25 KTS(.)
2)E OF 95 DEG E: SW-LY 05/10 KTS(.)
II)WEATHER: - FAIRLYWIDESPREAD RA/TS TO THE E-OF 90 DEG E(.)REST AREA SCATTERED RA/TS(.)
III)VISIBILITY: - 4-3 NM TO THE E-OF 90 DEG E(.)REST AREA 6-4 NM(.)
IV)WAVE HEIGHT: -1)3-4 M 2)0.5-1 M(.)
A3-FORECAST FOR 48 HOURS
I)WINDSPEED AND DIRECTION: -
1)W OF 95 DEG E: SW-LY 20/25 KTS(.)
2)E OF 95 DEG E: SW-LY 05/10 KTS(.)
II)WEATHER: - FAIRLYWIDESPREAD RA/TS TO THE E-OF 90 DEG E(.)REST AREA SCATTERED RA/TS(.)
III)VISIBILITY: - 4-3 NM TO THE E-OF 90 DEG E(.)REST AREA 6-4 NM(.)
IV)WAVE HEIGHT: -1)3-4 M 2)0.5-1 M(.)

序号：　11

报文：BOB: A4: - BAY OF BENGAL N OF 10 DEG N AND E OF 80 DEG E (.)
A4-FORECAST FOR 24 HOURS: -
I)WINDSPEED AND DIRECTION: -
1)N OF 18 DEG N: S/SE-LY 20/25 KTS(.)
2)S OF 18 DEG N: SSW-LY 25/30 KTS(.)
II)WEATHER: - WIDESPREAD RA/TS(.)
III)VISIBILITY: -3-2 NM (.)
IV)WAVE HEIGHT: -1)3-4 M 2) 4-5 M(.)
A4-FORECAST FOR 48 HOURS
I)WINDSPEED AND DIRECTION: -
1)N OF 18 DEG N: S/SE-LY 20/25 KTS(.)
2)S OF 18 DEG N: SSW-LY 25/30 KTS(.)
II)WEATHER: - WIDESPREAD RA/TS (.)
III)VISIBILITY: -3-2 NM (.)
IV)WAVE HEIGHT: -1)3-4 M 2) 4-5 M(.)

序号：　12

报文：NOTE: NEXT SPECIAL BULLETIN WILL ORIGINATE AT 0100 UTC ON DATED 21/05/2016 IN ADDITION TO ROUTINE TWO DAILY BULLETINS

序号：　13

报文：ISSUED BY INDIA METEOROLOGICAL DEPARTMENT
INOSHAC O/O A.D.G.M.(R).W.F.D.D., PUNE=

序号：　14

10.10.3.2 报文解析（见表 10.26）

表 10.26 报文实例 24 逐词解析

序号	要素含义
01	简式报头中的 TT；WT
02	简式报头中的 AA；IN 表示：报文涉及印度
03	编报中心代码；DEMS 表示：RSMC DEMS 热带气旋区域中心
04	日期时间 DDHHMM（UTC）；表示：20 日 11 时 14 分
05	固定字段，SGMDSS 或者 GMDSS 系统全称
06	固定字段，报文类型，SHIPPING BULLETIN
07	固定字段，未来 24/48 小时预报的起报时间，2016 年 05 月 20 日 12 时 00 分（UTC）
08	固定字段，第一部分概述气旋风暴影响范围
09	固定字段，A1 区域未来 24 小时和 48 小时的风向风速、天气、能见度、浪高信息 A1 区域=(ARABIAN SEA)-EQUATOR TO 10 DEG. N W OF 80 DEG.E (.)
10	固定字段，A2 区域未来 24 小时和 48 小时的风向风速、天气、能见度、浪高信息 A2 区域=(ARABIAN SEA)-23 DEG 45 MIN N 68 DEG E TO 12 DEG N 63 DEG E TO CAPE GARDAFUI TO N OF 10 DEG N(.)
11	固定字段，A3 区域未来 24 小时和 48 小时的风向风速、天气、能见度、波高信息 A3 区域= BAY OF BENGAL：EQUATOR TO 10 DEG N BETWEEN E OF 80 DEG E AND WEST OF 10 DEG N/98 DEG 30 MIN E TO 6 DEG N/95 DEG E AND THENCE S-WARDS TO EQUATOR(.)
12	固定字段，A4 区域未来 24 小时和 48 小时的风向风速、天气、能见度、波高信息 A4 区域= BAY OF BENGAL N OF 10 DEG N AND E OF 80 DEG E (.)
13	下一次公告时间
14	报文结束符，“=”表示

10.11 孟加拉国报文解析

10.11.1 报文实例 25：台风警告

10.11.1.1 报文内容

报文：WTBW20 VGDC 050544

序号：01 02 03 04

报文：ELECTRON OBSERVATION GENERAL INFERENCE OF

BANGLADESH ON 05, 0000 UTC:

序号： 05

报文：===

PART ONE: WARNING BAY OF BENGAL.

序号： 06

报文：PART TWO: THE SEVERE CYCLONIC STORM "MICHAUNG" (PRONUNCIATION; MIGJAUM) OVER WEST CENTRAL BAY OF BENGAL AND ADJOINING AREA

序号： 07

报文：MOVED NORTHWESTWARDS FURTHER AND NOW LIES OVER THE SAME AREA AND WAS CENTRED AT 05, 0000 UTC WITHIN HALF A DEGREE OF LAT.14.8N AND

序号： 08

报文：LONG.80.2E.

序号： 08

报文：IT IS LIKELY TO MOVE NORTH-NORTHWESTWARDS AND MAY CROSS SOUTH

序号： 09

报文：ANDHRA PRADESH COAST BETWEEN NELLORE AND MACHILIPATNAM DURING MORNING TODAY(05 DECEMBER, 2023). MAXIMUM SUSTAINED WIND SPEED WITHIN 35 NM OF THE SEVERE CYCLONIC STORM IS ABOUT 48 KTS RISING TO

序号： 10

报文：59 KTS IN GUSTS/SQUALLS. SEA WILL

11

报文：REMAIN VERY ROUGH NEAR THE SEVERE CYCLONE CENTRE.

PART THREE: - RAIN/T. SHOWERS OVER NORTH BAY.

WIND: E/NE'LY, 10-15 KTS, TEMPO GUSTING TO 25 KTS.

序号： 12

报文：VISIBILITY: - 03-05KM REDUCING TO 1000M OR LESS IN RAIN/SHOWERS.

序号： 13

报文：SEA STATE: HIGH.

序号： 14

报文：SEA SWELL: VERY HEAVY.

序号： 15

10.11.1.2 报文解析（见表 10.27）

表 10.27 报文实例 25 逐词解析

序号	要素含义
01	简式报头中的 TT；WT
02	简式报头中的 AA；BW 表示：报文涉及孟加拉国
03	编报中心代码；VGDC 表示：孟加拉国 VGDC 编报中心
04	日期时间 DDHHMM；表示 05 日 05 时 44 分
05	当前时刻或起报时间，05 日 00 时 00 分（UTC）
06	固定字段，报文类型，WARNING BAY OF BENGAL

续表

序号	要素含义
07	台风等级+台风名，SEVERE CYCLONIC STORM "MICHAUNG"
08	中心位置，北纬14.8度，东经80.2度
09	移向，向北西北方向移动
10	中心最大风速，48节
11	中心极大风速，59节
12	风力风向
13	能见度
14	海面状况
15	海浪

10.12 留尼汪（法国海外省）报文解析

10.12.1 报文实例26：热带风暴警告

10.12.1.1 报文内容

报文：WTIO22 FMEE 190001

序号：01 02 03 04 05

报文：SECURITE

STORM WARNING FOR METAREA VII AND METAREA VIII (S)

序号：06

报文：ISSUED BY METEO-FRANCE/TROPICAL CYCLONE CENTER/LA REUNION 16/01/2024 AT

序号：07

报文：0600 UTC.

序号：07

报文：WARNING NUMBER: 021/2 (SOUTH-WEST INDIAN OCEAN)

序号：08

报文：10 MINUTES AVERAGE WIND SPEED IN KNOTS (KT)

(WIND GUSTS AT SEA MAY BE ABOUT 40% STRONGER THAN THE AVERAGED WIND)

MINIMUM SEA LEVEL PRESSURE IN HECTOPASCAL (HPA) (INDICATIVE FIGURE).

序号：09

报文：STORM WARNING

BEGINNING OF VALIDITY: TUESDAY 16/01/2024 AT 0600 UTC.

序号：10

报文：PHENOMENON: <u>SEVERE TROPICAL STORM 2 (BELAL)</u> <u>982 HPA</u>

序号：11　12

报文：POSITION: <u>WITHIN 20 NM RADIUS</u> OF POINT <u>22.9 S / 58.9 E</u>

序号：13　14

报文：(TWENTY TWO DECIMAL NINE DEGREES SOUTH AND FIFTY EIGHT DECIMAL NINE DEGREES EAST) AT 0600 UTC

报文：<u>MOVEMENT: SOUTH-EAST 10 KT</u>

序号：15

报文：<u>THREAT AREAS:</u>

<u>SQUALLY WEATHER WITHIN A 320NM IN THE EASTERN SEMI-CIRCLE, EXTENDING UP TO 580NM IN THE NORTH-WESTERN QUADRANT.</u>

序号：16

报文：<u>STORM FORCE WINDS 50/55 KT AND HIGH TO VERY HIGH SEAS WITHIN A 70 NM RADIUS FROM THE CENTRE, EXTENDING UP TO 80 NM IN THE NORTH-EASTERN QUADRANT AND UP TO 85 NM IN THE SOUTHERN SEMI-CIRCLE.</u>

序号：17

报文：<u>GALE FORCE WINDS 35/45 KT AND VERY ROUGH TO HIGH SEAS WITHIN A 85 NM RADIUS FROM THE CENTRE, EXTENDING UP TO 95 NM IN THE SOUTH-EASTERN QUADRANT, UP TO 100 NM IN THE SOUTH-WESTERN QUADRANT AND UP TO 115 NM IN THE NORTH-EASTERN QUADRANT.</u>

序号：18

报文：<u>NEAR GALE FORCE WINDS 30 KT AND ROUGH TO VERY ROUGH SEAS WITHIN A 135 NM RADIUS FROM THE CENTRE, EXTENDING UP TO 160 NM IN THE NORTHERN SEMI-CIRCLE AND UP TO 175 NM IN THE SOUTH-WESTERN QUADRANT. STRONG GUSTS UNDER SQUALLS.</u>

序号：19

报文：<u>FORECAST POSITION AND INTENSITY:</u>

序号：20

报文：<u>12H</u>, <u>VALID 2024/01/16 AT 18 UTC:</u>

序号：21　22

报文：<u>23.1 S / 61.0 E</u>, <u>MAX WIND = 55 KT</u>, <u>SEVERE TROPICAL STORM</u>

序号：23　24　25

报文：<u>28 KT NE: 175 NM SE: 145 NM SW: 140 NM NW: 130 NM</u>

序号：26

报文：<u>34 KT NE: 100 NM SE: 85 NM SW: 90 NM NW: 70 NM</u>

序号：27

报文：<u>48 KT NE: 45 NM SE: 60 NM SW: 55 NM NW: 30 NM</u>

序号：28

报文：24H, VALID 2024/01/27 AT 06 UTC:

序号：21 22

报文：23.6 S / 63.0 E, MAX WIND = 55 KT, SEVERE TROPICAL STORM

序号：23 24 25

报文：28 KT NE: 160 NM SE: 150 NM SW: 115 NM NW: 105 NM

序号：26

报文：34 KT NE: 90 NM SE: 85 NM SW: 80 NM NW: 55 NM

序号：27

报文：48 KT NE: 40 NM SE: 55 NM SW: 50 NM NW: 25 NM

序号：28

报文：OTHER INFORMATION:

NIL=

序号：29

10.12.1.2 报文解析（见表 10.28）

表 10.28 报文实例 26 逐词解析

序号	要素含义
01	简式报头中的 TT；WT
02	简式报头中的 AA；IO 表示：报文涉及印度洋海域
03	简式报头中的 ii，这里是 2i，若 i 为奇数用法文编写报文，若 i 为偶数用英文编写报文
04	编报中心代码；FMEE 表示：RSMC FMEE 热带气旋区域中心
05	日期时间 DDHHMM；表示：19 日 00 时 01 分
06	固定字段，报文类型及涉及区域，STORM WARNING FOR METAREA VII AND METAREA VIII (S)
07	观测实况时间；表示 2024 年 01 月 16 日 06 时 00 分（UTC）
08	警告编号及涉及海域，WARNING NUMBER： 021/2 (SOUTH-WEST INDIAN OCEAN)
09	固定字段，介绍相关名词及计算方法
10	报文生效时间，2024 年 01 月 16 日周二，06 时（UTC）
11	台风等级+台风编号+台风名，SEVERE TROPICAL STORM 2 (BELAL)
12	中心气压，982 百帕
13	中心位置精确范围
14	中心位置，南纬 22.9 度，东经 58.9 度
15	移向移速，向东南方向移动，速度 10 节
16	固定字段，影响范围，概述风圈半径的水平范围
17	风力等级为 50～55 节的风圈半径
18	风力等级为 35～45 节的风圈半径

续表

序号	要素含义
19	风力等级为近 30 节的风圈半径
20	固定字段，表示预报
21	预报时效
22	预报时间
23	预报中心位置
24	预报最大风速
25	预报台风等级
26	预报风力等级为 28 节的风圈半径
27	预报风力等级为 34 节的风圈半径
28	预报风力等级为 48 节的风圈半径
29	报文结束符，“=”表示

10.12.2 报文实例 27：热带风暴预报警告

10.12.2.1 报文内容

报文：WTIO30 FMEE 211218

序号：01 02 03 04 05

报文：RSMC / TROPICAL CYCLONE CENTER / LA REUNION

序号：06

报文：TROPICAL CYCLONE FORECAST WARNING (SOUTH-WEST INDIAN OCEAN)

序号：07

报文：0.A WARNING NUMBER: 1/13/20182019

序号：08

报文：1.A ZONE OF DISTURBED WEATHER 13

序号：09

报文：2.A POSITION 2019/03/21 AT 1200 UTC:

序号：10

报文：WITHIN 20 NM RADIUS OF POINT 13.2 S / 60.9 E

序号：11 12

报文：MOVEMENT: QUASI-STATIONARY.

序号：13

报文：3.A DVORAK ANALYSIS: 1.5/1.5/S 0.0/0 H

序号：14

报文：4.A CENTRAL PRESSURE: 1002 HPA

序号： 15

报文：5.A MAX AVERAGE WIND SPEED (10 MN): 20 KT

序号： 16

报文：RADIUS OF MAXIMUM WINDS (RMW): 130 KM

序号： 17

报文：6.A EXTENSION OF WIND BY QUADRANTS (KM): NIL

序号： 18

报文：7.A FIRST CLOSED ISOBAR (PRESSURE / AVERAGE DIAM): 1007 HPA / 600 KM

序号： 19

报文：8.A VERTICAL EXTENSION OF CYCLONE CIRCULATION: MEDIUM

序号： 20

报文：1.B FORECASTS:

序号： 21

报文：

12H: 2019/03/22 00 UTC: 13.6 S / 61.0 E, VENT MAX= 030 KT, TROPICAL DEPRESSION

24H: 2019/03/22 12 UTC: 14.4 S / 61.4 E, VENT MAX= 040 KT, MODERATE TROPICAL STORM

36H: 2019/03/23 00 UTC: 15.4 S / 61.3 E, VENT MAX= 050 KT, SEVERE TROPICAL STORM

48H: 2019/03/23 12 UTC: 16.5 S / 61.2 E, VENT MAX= 055 KT, SEVERE TROPICAL STORM

60H: 2019/03/24 00 UTC: 17.4 S / 61.2 E, VENT MAX= 060 KT, SEVERE TROPICAL STORM

72H: 2019/03/24 12 UTC: 18.2 S / 61.4 E, VENT MAX= 065 KT, TROPICAL CYCLONE

序号： 22 23 24 25 26

报文：2.B LONGER-RANGE OUTLOOK:

序号： 27

报文：96H: 2019/03/25 12 UTC: 20.0 S / 63.3 E, VENT MAX= 075 KT, TROPICAL CYCLONE

120H: 2019/03/26 12 UTC: 22.4 S / 65.8 E, VENT MAX= 055 KT, TROPICALCYCLONE

序号：22 23 24 25 26

报文：2.C ADDITIONAL INFORMATION:

序号： 28

报文：T=CI=1.5

序号： 29

报文：FOLLOWED FOR SEVERAL DAYS IN THE AWIO20 FMEE WARNINGS, THE LOW-LEVEL CLOCKWISE CIRCULATION LOCATED NORTH-NORTHEAST OF SAINT BRANDON ISLAND SHOWS MORE AND MORE SIGNS OF ORGANIZATION. FROM 12UTC, THIS AREA IS NOW FOLLOWED BY THE REUNION RSMC AS ZONE OF DISTURBED WEATHER 13-20182019.

DURING THE LAST 6 HOURS, CONVECTION REMAINS FLUCTUATING BUT IS INCREASINGLY ORGANIZED AROUND A CENTRE THAT SEEMS TO BE TAKING SHAPE

BETTER. A CURVED BAND PATTERN IS DETECTABLE DEFINING A DVORAK ANALYSIS AT 1.5. THIS ANALYSIS CORROBORATES THE 20/25KT VALUES OBTAINED BY THE 0415UTC ASCAT SWATH WITH A LIMITED VERTICAL CIRCULATION, THIS AREA IS SUBJECTED TO A STILL POORLY DEFINED FLOW OVER THE NEXT 12 HOURS. SUBSEQUENTLY, IT IS THE TRANSEQUATORIAL FLOW FROM THE NORTHWEST, IMPOSED BY A NEAR EQUATORIAL RIDGE LOCATED TO THE NORTHEAST OF THE SYSTEM, THAT WILL INDUCE THE TRACK TO THE SYSTEM. A GENERALLY SOUTHERN COMPONENT WILL BE TAKEN ON FRIDAY AND SATURDAY, BEFORE A MORE SOUTH-EASTERN ORIENTATION IS PUT IN PLACE ON SUNDAY. ON THIS TRACK, THE METEORE IS EXPECTED TO PASS BETWEEN MAURITIUS AND RODRIGUES AT THE END OF NEXT MONDAY, IN THE IMMEDIATE VICINITY OF RODRIGUES ISLAND AT THE TROPICAL CYCLONE STAGE. THE PRESENT TRACK FORECAST OF THE RSMC TAKES INTO ACCOUNT THIS GLOBALLY SOUTHERN COMPONENT BY CORRECTING THE POSITION SHIFT IN THE ANALYSIS OF MOST NUMERICAL MODELS.

BEING LOCATED ON WATERS WITH SUFFICIENT ENERGY CONTENT AND UNDER AN ENVIRONMENT OF LOW WINDSHEAR, THE SYSTEM WILL BE ABLE TO INTENSIFY IN ORDER TO CONSOLIDATE ITS STILL WEAK CIRCULATION OVER THE NEXT FEW HOURS. ASSISTED BY A WELL-DEFINED AND CONSTANT EQUATORIAL FLOW, INTENSIFICATION WILL BE REGULAR OVER THE NEXT 4 DAYS. THEN ON THIS TRACK, THE SYSTEM WILL UNDERGO AN INCREASING WINDSHEAR FROM MONDAY WHICH WILL MARK THE BEGINNING OF ITS WEAKENING. =

序号： 30

10.12.2.2 报文解析（见表 10.29）

表 10.29 报文实例 27 逐词解析

序号	要素含义
01	简式报头中的 TT；WT
02	简式报头中的 AA；IO 表示：报文涉及印度洋海域
03	简式报头中的 ii，这里是 3i，若 i 为奇数用法文编写报文，若 i 为偶数用英文编写报文
04	编报中心代码；FMEE 表示：RSMC FMEE 热带气旋区域中心
05	日期时间 DDHHMM；表示：21 日 12 时 18 分
06	编报中心全称
07	固定字段，报文类型及涉及区域，TROPICAL CYCLONE FORECAST WARNING (SOUTH-WEST INDIAN OCEAN)
08	台风编号，警告编号，涉及年，1/13/20182019
09	台风等级+警告编号，DISTURBED WEATHER 13
10	观测实况时间；表示 2019 年 03 月 21 日 12 时 00 分（UTC）

续表

序号	要素含义
11	中心位置精确范围
12	中心位置，南纬 13.2 度，东经 60.9 度
13	移向移速，QUASI-STATIONARY 准平稳
14	DVORAK 指数，CI=1.5
15	中心气压，1002 百帕
16	最大平均风速，20 节
17	最大平均风速的风圈半径
18	台风的水平延伸范围
19	第一个封闭等压线（压力/平均直径）：1007 百帕/600 千米
20	台风的垂直延伸范围
21	固定字段，表示预报
22	预报时效
23	预报时间
24	预报中心位置
25	预报最大风速
26	预报台风等级
27	长期展望，96 小时和 120 小时
28	附加信息
29	DVORAK 指数，CI=1.5
30	报文结束符，“=”表示

10.13 马达加斯加报文解析

10.13.1 报文实例 28：海洋公告

10.13.1.1 报文内容

报文：WTIO20 FMMD 021300

序号：01 02 03 04

报文：BULLETIN MARINE SPECIAL

序号：05

报文：BMS NAO 002/1 DE FMMDYMYP A XX UTC

PERTURBATION TROPICALE 1 998.5 HPA

CENTRE A 12TU DANS UN RAYON DE 40 MN AUTOUR DU POINT 15.4 S / 54.1 E

(QUINZE DEGRES QUATRE SUD ET CINQUANTE QUATRE DEGRES UN EST)

DEPLACEMENT: OUEST-NORD-OUEST 16KT

ZONES INTERESSEES

TEMPS A GRAINS DANS UN RAYON DE 150 MN AUTOUR DU CENTRE S' ETENDANT JUSQU'A 300 MN DANS LE QUARDANT SUD-EST CIRCULATION DEPRESSIONNAIRE 20-25KT. FORTES RAFALES SOUS GRAINS.

NEANT

TROPICAL DISTURBANCE 1 998HPA

序号： 06 07

报文：POSITION AT 12UTC: WITHIN 40 NM RADIUS OF POINT 15.4 S / 54.1 E

序号： 08 09 10

报文：(FIFTEEN DECIMAL FOUR DEGREES SOUTH AND FIFTY FOUR DECIMAL ONE DEGREES EAST)

报文：MOVEMENT: WEST-NORTH-WEST 16 KT

序号： 11

报文：SQUALLY WEATHER IN A 150 NM RADIUS FROM THE CENTER EXTENDING UP TO 300 NM IN THE SOUTH-EASTERN QUADRANT CLOCKWISE CIRCULATION 20-25 KT. STRONG GUSTS UNDER SQUALLS.

报文：NIL=

序号： 12

10.13.1.2 报文解析（见表 10.30）

表 10.30 报文实例 28 逐词解析

序号	要素含义
01	简式报头中的 TT；WT
02	简式报头中的 AA；IO 表示：报文涉及印度洋海域
03	编报中心代码；FMMD 表示：马达加斯加 FMMD 编报中心
04	日期时间 DDHHMM；表示：02 日 13 时 00 分
05	固定字段，报文类型，BULLETIN MARINE SPECIAL
06	台风等级+台风名+台风编号，TROPICAL DISTURBANCE 1
07	中心气压
08	观测时间，12 时（UTC）
09	中心位置精确范围
10	中心位置，南纬 15.4 度，东经 54.1 度
11	移向移速，向西北西方向移动，速度 16 节
12	报文结束符，“=”表示

10.14 毛里求斯报文解析

10.14.1 报文实例 29：热带气旋预报警告

10.14.1.1 报文内容

报文：WTMA20 FIMP 091847

序号：01 02 03 04

报文：TTT WARNING OF TROPICAL CYCLONE (JOALANE)

序号：05

报文：AT 09/1800 UTC TROPICAL CYCLONE 13 (JOALANE) 972 HPA WAS CENTERED

序号：06 07 08 09

报文：WITHIN 21 NM RADIUS OF POINT 17.6 S / 66.0 E

序号：09 10

报文：(SEVENTEEN DECIMAL SIX DEGREES SOUTH AND SIXTY SIX DECIMAL ZERO DEGREES EAST).

报文：MOVEMENT: SOUTH-SOUTH-EAST 6 KT

序号：11

报文：SQUALLY WEATHER WITHIN A 100 NM RADIUS FROM THE CENTER, EXTENDING UP TO 160 NM IN THE NORTH-WESTERN SEMI-CERCLE AND UP TO 250 NM IN THE SOUTH-EASTERN QUADRANT.

序号：12

报文：HURRICANE FORCE WINDS 65/70 KT AND VERY HIGH TO PHENOMENAL SEAS WITHIN A 25 NM RADIUS FROM THE CENTRE.

序号：13

报文：STORM FORCE WINDS 50/60 KT AND HIGH TO VERY HIGH SEAS WITHIN A 40 NM RADIUS FROM THE CENTRE, EXTENDING UP TO 55 NM IN THE WESTERN SEMI-CIRCLE AND UP TO 60 NM IN THE SOUTH-EASTERN QUADRANT.

序号：14

报文：GALE FORCE WINDS 35/45 KT AND VERY ROUGH TO HIGH SEAS WITHIN A 110 NM RADIUS FROM THE CENTRE, EXTENDING UP TO 130 NM IN THE SOUTH-WESTERN QUADRANT AND UP TO 150 NM IN THE SOUTH-EASTERN QUADRANT.

序号：15

报文：NEAR GALE FORCE WINDS 30 KT AND ROUGH TO VERY ROUGH SEAS WITHIN A 160 NM RADIUS FROM THE CENTRE, EXTENDING UP TO 170 NM IN THE SOUTH-WESTERN AND NORTH-EASTERN QUADRANTS, AND UP TO 250 NM IN THE SOUTH-EASTERN QUADRANT. STRONG GUSTS UNDER SQUALLS.

序号：16

报文：T.O.O 09/1845UTC.

序号：　　17

10.14.1.2　报文解析（见表 10.31）

表 10.31　报文实例 29 逐词解析

序号	要素含义
01	简式报头中的 TT；WT
02	简式报头中的 AA；MA 表示：报文涉及的毛里求斯
03	编报中心代码；FIMP 表示：毛里求斯 FIMP 编报中心
04	日期时间 DDHHMM；表示 09 日 18 时 47 分
05	固定字段，报文类型，TTT WARNING OF TROPICAL CYCLONE (JOALANE)
06	观测实况时间；表示 09 日 18 时 00 分（UTC）
07	台风等级+台风名+台风编号，TROPICAL CYCLONE 13 (JOALANE)
08	中心气压
09	中心位置精确范围
10	中心位置，南纬 17.6 度，东经 66.0 度
11	移向移速，向南南东方向移动，速度 6 节
12	固定字段，影响区域，概述风圈半径的水平范围
13	风力等级为 65～70 节的风圈半径
14	风力等级为 50～60 节的风圈半径
15	风力等级为 35～45 节的风圈半径
16	风力等级为近 30 节的风圈半径
17	本次警告时间

10.15　澳大利亚报文解析

10.15.1　报文实例 30：热带气旋警告

10.15.1.1　报文内容

报文：WOAU01 ABRF 210655

序号：01　02　　03　　04

报文：IDQ20008
序号：　　05
报文：SECURITE
OCEAN WIND WARNING FOR METAREA 10
序号：　　06
报文：Issued by the Australian Bureau of Meteorology
Tropical Cyclone Warning Centre
at 0655 UTC 21 JANUARY 2024
GALE WARNING FOR NORTH EASTERN AREA
SITUATION
序号：　　07
报文：At 0600 UTC a Tropical Low was centred within 30 nautical miles of latitude fifteen decimal
序号：　　08　　　　09
报文：two south (15.2S) longitude one hundred and fifty three decimal nine east (153.9E)
序号：　　10　　　　10
报文：Recent movement:west southwest at 4 knots
序号：　　11
报文：Maximum winds: 25 knots
序号：　　12
报文：Central pressure:996 hPa
序号：　　13
报文：The low is expected to develop into a tropical cyclone in the next 36 to 48 hours.
AREA AFFECTED
Within 140 nautical miles in NE quadrant and within 110 nautical miles in SE quadrant
序号：　　14
报文：FORECAST
序号：　　15
报文：From 0000 UTC 22 January winds above 34 knots within 130 nautical miles of NE quadrant, extending to 140 nautical miles by 0600 UTC 22 January and within 110 nautical miles in SE quadrant from 0600 UTC 22 January with rough seas and moderate swell.
Forecast positions
At 1800 UTC 21 January: Within 60 nautical miles of 15.1 south 153.7 east
序号：　　16　　　　17　　　　18
报文：　　Central pressure 996 hPa.
序号：　　19
报文：　　Winds to 30 knots near centre
序号：　　20

报文：At 0600 UTC 22 January: Within 80 nautical miles of 15.2 south 153.8 east

序号：16　17　18

报文：Central pressure 992 hPa.

序号：19

报文：Winds to 35 knots near centre

序号：20

报文：REMARKS

All ships in the area please send weather reports every three hours. Regular weather observing ships use normal channels. Other ships please use email to tcwc@bom.gov.au.

序号：21

报文：Next warning will be issued by 1300 UTC 21 January 2024.

序号：22

报文：AUSTRALIAN BUREAU OF METEOROLOGY

TROPICAL CYCLONE WARNING CENTRE

序号：23

10.15.1.2　报文解析（见表 10.32）

表 10.32　报文实例 30 逐词解析

序号	要素含义
01	简式报头中的 TT；WO
02	简式报头中的 AA；AU 表示：报文涉及澳大利亚
03	编报中心代码；ABRF 表示：TCWC ABRF 热带气旋警报中心
04	编报日期时间 DDHHMM（UTC）；表示 21 日 06 时 55 分
05	澳大利亚报文类型编码，IDQ20008，澳大利亚北部地区
06	报文类型，OCEAN WIND WARNING
07	固定字段，表示实况
08	观测实况时间；表示 21 日 06 时 00 分（UTC）
09	中心位置精确范围
10	中心位置，南纬 15.2 度，东经 153.9 度
11	移向移速，向西南西方向移动，速度 4 节
12	最大风速，25 节
13	中心气压，996 百帕
14	固定字段，表示影响范围
15	固定字段，表示预报
16	预报时刻
17	预报中心位置精度

续表

序号	要素含义
18	预报中心位置
19	预报中心气压
20	预报中心风速
21	固定字段，备注信息
22	下次警告发布时间
23	编报中心全称

10.15.2 澳大利亚报文的报头总结

澳大利亚编发内容为热带气旋警告（Ocean Wind Warning），共涉及 3 个 TCWC 中心，分别是 ADRM、APRF、ABRF 编报中心，这三个中心对应管理北部地区（NT）、西部地区（WA）、东部地区（QLD），在编发警告时，使用的澳大利亚报文类型编码和已知报头信息见表 10.33。

表 10.33 报文类型对应编码和已知报头信息

报文类型名称	描述地区	报文类型编码	报头信息
Ocean Wind Warning	西部地区（WA）	IDW23100	WTAU05 APRF
		IDW23200	WTAU06 APRF
		IDW23300	/
	北部地区（NT）	IDD20130	WTAU03 ADRM
		IDD20230	WTAU04 ADRM
	东部地区（QLD）	IDQ20008	WOAU01 ABRF
		IDQ20009	WOAU02 ABRF
		IDQ20074	/

10.16 印度尼西亚报文解析

10.16.1 报文实例 31：海上大风和台风警告

10.16.1.1 报文内容

报文：WTID01 WIIX 011509

序号：01 02 03 04

报文：EGC: 2: 2: 24: 10S102E900: 11: 00

THIS WARNING IS PROVIDED BY TROPICAL CYCLONE WARNING CENTRE JAKARTA AND ISSUED FOR THE CIRCULAR AREA OF METAREA XI (POR) BY JMA INDONESIAN AGENCY FOR METEOROLOGY CLIMATOLOGY AND GEOPHYSICS TROPICAL CYCLONE WARNING CENTRE (TCWC) JAKARTA

SECURITE

OCEAN GALE AND STORM WARNING

OCEAN GALE AND STORM WARNING FOR AREA 0 - 10 S，90 - 125 E

序号：　05　06

报文：ISSUED BY JAKARTA TROPICAL CYCLONE WARNING CENTRE

序号：　07

报文：AT: 15: 10 UTC 01 DECEMBER 2021

报文：SITUATION

序号：　08

报文：AT 12: 00 UTC TROPICAL CYCLONE TERATAI 1000 HPA WAS WITHIN 30 NAUTICAL

序号：　09　10　11　12

报文：MILES OF 9.5 S 101.9 E MOVING SOUTHWEST AT 5 KNOTS.

序号：　12　13　14

报文：THIS TROPICAL DEPRESSION MAY DEVELOP INTO A TROPICAL CYCLONE IN THE NEXT 6-12 HOURS.

AREA AFFECTED

序号：　15

报文：WITHIN 30 NAUTICAL MILES IN NE QUADRANT

AND WITHIN 50 NAUTICAL MILES IN SE QUADRANT

AND WITHIN 50 NAUTICAL MILES IN SW QUADRANT

AND WITHIN 40 NAUTICAL MILES IN NW QUADRANT.

序号：　16

报文：FORECAST

序号：　17

报文：CLOCKWISE WINDS REACHING 40 KNOTS EXPECTED TO DECREASE TO 30 KNOTS IN THE NEXT 24 HOURS. HIGH SEAS MAY EXCEED ROUGH TO VERY ROUGH SCALE AND RISING SWELL.

00: 00 UTC 02 DECEMBER: WITHIN 55 NAUTICAL MILES OF 9.5 S 101.2 E

序号：　18　19　20

报文：　CENTRAL PRESSURE 1005 HPA.

序号：　21

报文：　WIND SPEED REACHING 35 KNOTS NEAR CENTRE.

序号：　22

报文：12: 00 UTC 02 DECEMBER: WITHIN 90 NAUTICAL MILES OF 9.2 S 100.6 E
序号：18 19 20
报文：CENTRAL PRESSURE 1006 HPA.
序号：21
报文：WIND SPEED REACHING 30 KNOTS NEAR CENTRE.
序号：22
报文：REMARKS
序号：23
报文：SHIPS PLEASE TRANSMIT 3-HOURLY WEATHER REPORTS.
NEXT WARNING WILL BE ISSUED BY 19: 00 UTC 01 DECEMBER 2021.
序号：24
报文：TROPICAL CYCLONE WARNING CENTRE JAKARTA
序号：07

10.16.1.2 报文解析（见表10.34）

表10.34 报文实例31逐词解析

序号	要素含义
01	简式报头中的TT；WT
02	简式报头中的AA；ID表示：报文涉及印度尼西亚
03	编报中心代码；WIIX表示：TCWC WIIX热带气旋警报中心
04	编报日期时间DDHHMM（UTC）；表示01日15时09分
05	报文类型，OCEAN GALE AND STORM WARNING
06	警告范围，赤道至南纬10 度，东经90度至125度
07	编报中心全称
08	固定字段，表示实况
09	观测实况时间；表示：2021年12月01日12时00分（UTC）
10	台风等级+台风名称
11	中心气压，1000百帕。
12	中心位置精确范围
13	中心位置，南纬9.5度，东经101.9度
14	移向移速，向西南方向移动，速度5节
15	固定字段，表示影响范围
16	风圈半径
17	固定字段，表示预报
18	预报时刻
19	预报中心位置精度

续表

序号	要素含义
20	预报中心位置
21	预报中心气压
22	预报中心风速
23	固定字段，备注信息
24	下次警告发布时间

10.17 新喀里多尼亚（法属）报文解析

10.17.1 报文实例 32：热带气旋咨询

10.17.1.1 报文内容

报文：WTNC18 NWBB 080515

序号：01 02 03 04

报文：TROPICAL CYCLONE ADVISORY

序号：05

报文：ISSUED BY NEW-CALEDONIA METSERVICE

序号：06

报文：AT 2023-12-08 04: 49 UTC

NAME: SEVERE TROPICAL CYCLONE CATEGORY 4 JASPER

序号：07

报文：DATA AT 2023-12-08 00: 00 UTC

序号：08

报文：LATITUDE: 14.2 S

序号：09

报文：LONGITUDE: 156.6 E

序号：09

报文：LOCATION ACCURACY: WITHIN 20 NM

序号：10

报文：MOVEMENT TOWARD: 190 DEGREE

序号：11

报文：SPEED OF MOVEMENT: 6 KT

序号：11

报文：MAXIMUM 10-MINUTES WIND: 105 KT

序号： 12

报文：MAXIMUM WIND GUST: 150 KT

序号： 13

报文：CENTRAL PRESSURE: 940 HPA

序号： 14

报文：RADIUS OF 34-KNOT WINDS NE QUADRANT: 110 NM
RADIUS OF 34-KNOT WINDS SE QUADRANT: 140 NM
RADIUS OF 34-KNOT WINDS SW QUADRANT: 140 NM
RADIUS OF 34-KNOT WINDS NW QUADRANT: 90 NM

序号： 15

报文：RADIUS OF 48-KNOT WINDS NE QUADRANT: 70 NM
RADIUS OF 48-KNOT WINDS SE QUADRANT: 80 NM
RADIUS OF 48-KNOT WINDS SW QUADRANT: 90 NM
RADIUS OF 48-KNOT WINDS NW QUADRANT: 70 NM

序号： 16

报文：RADIUS OF 64-KNOT WINDS NE QUADRANT: 50 NM
RADIUS OF 64-KNOT WINDS SE QUADRANT: 50 NM
RADIUS OF 64-KNOT WINDS SW QUADRANT: 50 NM
RADIUS OF 64-KNOT WINDS NW QUADRANT: 50 NM

序号： 17

报文：RADIUS OF MAXIMUM WINDS: 20 NM

序号： 18

报文：FORECAST DATA

序号： 19

报文：

DATE (UTC):	LOCATION(DEGREE):	ACCURACY(NM):	MAX WIND(KT)
08/12/23 00UTC:	14.7 S 156.5 E:	30:	105
08/12/23 06UTC:	15.0 S 156.4 E:	40:	105
08/12/23 12UTC:	15.3 S 156.2 E:	50:	100
08/12/23 18UTC:	15.5 S 155.8 E:	60:	90
09/12/23 00UTC:	15.6 S 155.6 E:	80:	85
09/12/23 06UTC:	15.7 S 155.3 E:	90:	75
09/12/23 12UTC:	15.9 S 154.9 E:	100:	70
09/12/23 18UTC:	16.1 S 154.3 E:	110:	65
10/12/23 00UTC:	16.2 S 153.7 E:	130:	65
10/12/23 06UTC:	16.3 S 153.1 E:	140:	60
10/12/23 12UTC:	16.4 S 152.5 E:	150:	60

10/12/23 18UTC: 16.6 S 151.9 E: 160: 55

序号： 20 21 22 23

报文：NEXT ISSUE TIME: =

序号： 24

10.17.1.2 报文解析（见表 10.35）

表 10.35 报文实例 32 逐词解析

序号	要素含义
01	简式报头中的 TT；WT
02	简式报头中的 AA；NC 表示：报文涉及新喀里多尼亚（法属）
03	编报中心代码；NWBB 表示：新喀里多尼亚（法属）NWBB 编报中心
04	编报日期时间 DDHHMM（UTC）；表示 08 日 05 时 15 分
05	报文类型，TROPICAL CYCLONE ADVISORY
06	编报中心全称
07	台风等级+台风名称
08	观测实况时间；表示 2023 年 12 月 08 日 00 时 00 分（UTC）
09	中心位置，南纬 14.2 度，东经 156.6 度
10	中心位置精确范围
11	移向移速，向 190 度方向移动，速度 6 节
12	最大风速，105 节
13	极大风速，150 节
14	中心气压，940 百帕
15	风力等级为 34 节的风圈半径
16	风力等级为 48 节的风圈半径
17	风力等级为 64 节的风圈半径
18	最大风速的风圈半径（单位：海里）
19	固定字段，表示预报
20	预报时刻
21	预报中心位置
22	预报中心位置精度
23	预报最大风速
24	报文结束符，“=”表示

10.18 斐济报文解析

10.18.1 报文实例33：热带气旋咨询

10.18.1.1 报文内容

报文：WTPS11 NFFN 211200

序号：01 02 03 04

报文：TROPICAL DISTURBANCE ADVISORY NUMBER A8 ISSUED FROM RSMC NADI

序号：05

报文：Feb 211358 UTC.

序号：06

报文：TROPICAL CYCLONE VICKY CATEGORY 1 CENTRE 990HPA WAS LOCATED NEAR

序号：07 08

报文：16.2S 169.9W AT 211200 UTC. POSITION POOR BASED ON HIMAWARI-8 IR

序号：09 10

报文：IMAGERY AND PERIPHERAL SURFACE REPORTS. CYCLONE MOVING SOUTH-SOUTHEAST AT ABOUT 9 KNOTS. MAXIMUM 10-MINUTE AVERAGE

序号：11

报文：WINDS NEAR THE CENTRE ESTIMATED AT ABOUT 40 KNOTS.

序号：12

报文：DEEP CONVECTION CONTINUES TO PERSIST OVER THE LLCC WITH PRIMARY BANDS TRYING TO WRAP ONTO THE LLCC. SYSTEM LIES UNDER AN UPPER DIVERGENT AREA IN A LOW SHEARED ENVIRONMENT. CYCLONIC CIRCULATION EXTENDS UP TO 500HPA. SST AROUND 30 DEGREES CELSIUS.

序号：13

报文：GLOBAL MODELS HAVE PICKED UP THE SYSTEM AND MOVE IT SOUTHWARDS WITH FURTHER INTENSIFICATION. DVORAK ANALYSIS BASED ON 0.4 WRAP ON LOG10 SPIRAL YIELDING DT=2.5 MET AND PT AGREE. FT BASED ON DT THUS, YIELDING T2.5/3.0/S0.0/24HRS.

序号：14

报文：FORECASTS:

序号：15

报文：AT 12 HRS VALID AT 220000 UTC 17.9S 169.5W MOV SSE AT 09 KT WITH 40

序号：16 17 18

报文：KT CLOSE TO CENTRE

序号：19

报文：AT 24 HRS VALID AT 221200 UTC 19.5S 169.6W MOV S AT 08 KT WITH 45 KT

序号：16　17　18

报文：CLOSE TO CENTRE

序号：19

报文：OUTLOOK:

序号：20

报文：AT 36 HRS VALID AT 230000 UTC 20.7S 169.9W MOV S AT 08 KT WITH 50 KT

序号：16　17　18

报文：CLOSE TO CENTRE

序号：19

报文：AT 48 HRS VALID AT 231200 UTC 21.7S 170.3W MOV S AT 07 KT WITH 50 KT

序号：16　17　18

报文：CLOSE TO CENTRE

序号：19

报文：THE NEXT TROPICAL DISTURBANCE ADVISORY ON TROPICAL CYCLONE VICKY WILL BE ISSUED AROUND 212000 UTC.

序号：21

10.18.1.2　报文解析（见表 10.36）

表 10.36　报文实例 33 逐词解析

序号	要素含义
01	简式报头中的 TT；WT
02	简式报头中的 AA；PS 表示：报文涉及南太平洋海域
03	编报中心代码；NFFN 表示：RSMC NFFN 热带气旋区域中心
04	日期时间 DDHHMM（UTC)；表示 21 日 12 时 00 分
05	固定字段，报文类型及编号，TROPICAL DISTURBANCE ADVISORY NUMBER A8
06	固定字段，报文编报时间（UTC）21 日 13 时 58 分
07	台风等级及台风名称
08	中心气压
09	中心位置
10	警报时间（相当于预报的起报时间）
11	移向移速
12	中心最大风速
13	固定字段，相关结论依据分析
14	DVORAK 指数

续表

序号	要素含义
15	固定字段，表示预报
16	预报时效
17	中心位置
18	移向移速
19	中心最大风速
20	固定字段，表示展望
21	下一次咨询发布时间

10.18.2 报文实例 34：热带气旋警告

10.18.2.1 报文内容

报文：WTPS01 NFFN 211200

序号：01 02 03 04

报文：GALE WARNING 052 ISSUED FROM RSMC NADI Feb 211340 UTC.

序号：05 06

报文：TROPICAL CYCLONE VICKY CENTRE 990HPA CATEGORY 1 WAS LOCATED NEAR

序号：07 08 09

报文：16.2 SOUTH 169.9 WEST AT 211200 UTC.

序号：10 11

报文：POSITION POOR.

REPEAT POSITION 16.2S 169.9W at 211200 UTC.

CYCLONE MOVING SOUTH SOUTHEAST AT 9 KNOTS. CYCLONE INTENSIFYING.

序号：12 13

报文：EXPECT SUSTAINED WINDS OF 40 KNOTS CLOSE TO THE CENTRE INCREASING

序号：14

报文：TO 50 KNOTS BY 220600 UTC.

序号：14 15

报文：EXPECT WINDS OVER 33 KNOTS WITHIN 100 NAUTICAL MILES IN NE QUADRANT

AND WITHIN 100 NAUTICAL MILES IN SE QUADRANT

AND WITHIN 80 NAUTICAL MILES IN SW QUADRANT

AND WITHIN 60 NAUTICAL MILES IN NW QUADRANT

序号：16

报文：FORECAST POSITION NEAR 17.9S 169.5W AT 220000 UTC

序号：17 15

报文：AND NEAR 19.5S 169.6W AT 221200 UTC.

序号：　　　17　　　　15

报文：ALL VESSELS WITHIN 300 NAUTICAL MILES OF CENTRE ARE REQUESTED TO SEND REPORTS EVERY THREE HOURS TO RSMC NADI. VOS REPORTING SHIPS USE NORMAL CHANNELS. OTHER VESSELS FAX PLUS 679 6720190 OR EMAIL NADITCC AT MET DOT GOV DOT FJ

序号：　18

报文：THIS WARNING CANCELS AND REPLACES WARNING 051.

序号：　　　19

10.18.2.2　报文解析（见表 10.37）

表 10.37　报文实例 34 逐词解析

序号	要素含义
01	简式报头中的 TT；WT
02	简式报头中的 AA；PS 表示：报文涉及南太平洋海域
03	编报中心代码；NFFN 表示：RSMC NFFN 热带气旋区域中心
04	日期时间 DDHHMM（UTC）；表示 21 日 12 时 00 分
05	固定字段，报文类型及编号，GALE WARNING 052
06	固定字段，报文编报时间（UTC）21 日 13 时 40 分
07	台风名称
08	中心气压
09	台风等级
10	中心位置
11	警报时间（相当于预报的起报时间）
12	移向移速
13	固定字段，台风趋势，INTENSIFYING 增强
14	中心持续风（最大风速）
15	预报时效
16	风力级别为 33 节的风圈半径
17	预报中心位置
18	固定字段，表示警报的提示信息，对 300 海里内的船只提示
19	下一次咨询发布时间

10.19 新西兰报文解析

10.19.1 报文实例 35：热带气旋警告

10.19.1.1 报文内容

报文：WTNZ41 NZKL 151957
序号：01 02 03 04
报文：GALE WARNING 144
序号：05
报文：THIS AFFECTS OCEAN AREA: SUBTROPIC
序号：06
报文：COPY OF GALE WARN ISSUED BY NADI AT 15-NOV-2023 19: 20 UTC.
TROPICAL CYCLONE MAL 992HPA] CENTRE WAS LOCATED NEAR 24.0 SOUTH 179.4
序号：07 08
报文：EAST AT 151800 UTC.
报文：POSITION FAIR.
REPEAT POSITION 24.0S 179.4E AT 151800 UTC.
序号：09 10
报文：CYCLONE IS MOVING SOUTHSOUTHEAST 15 KNOTS.
序号：11
报文：EXPECT SUSTAINED WINDS OF 40 KNOTS CLOSE TO THE CENTRE WITH VERY
序号：12
报文：ROUGH SEA AND MODERATE TO HEAVY SWELL.
报文：EXPECT WINDS OVER 33 KNOTS WITHIN 70 NAUTICAL MILES OF CENTRE IN THE EASTERN SEMICIRCLE AND WITHIN 20 NAUTICAL MILES OF CENTRE IN THE SOUTHWEST QUADRANT AND WITHIN 50 NAUTICAL MILES OF CENTRE IN THE NORTHWEST QUADRANT.
序号：13
报文：FORECAST POSITION NEAR 26.1S 178.9W AT 160600 UTC
序号：14 15 16
报文：AND NEAR 28.0S 176.7W AT 161800 UTC.
序号：15 16

10.19.1.2 报文解析（见表 10.38）

表 10.38 报文实例 35 逐词解析

序号	要素含义
01	简式报头中的 TT；WT
02	简式报头中的 AA；NZ 表示：报文涉及新西兰地区

续表

序号	要素含义
03	编报中心代码；NZKL 表示：TCWC NZKL 热带气旋警报中心
04	编报日期时间 DDHHMM（UTC）；表示 15 日 19 时 57 分
05	报文类型及编号，GALE WARNING 144
06	警告的海上影响范围
07	台风等级+台风名称
08	中心气压，992 百帕
09	中心位置，南纬 24.0 度，东经 179.4 度
10	观测实况时间；表示 2023 年 11 月 15 日 18 时 00 分（UTC）
11	移向移速，向南南东方向移动，速度 15 节
12	持续（最大）风速，40 节
13	风力等级为 33 节的风圈半径
14	固定字段，表示预报
15	预报中心位置
16	预报时刻

10.20　萨摩亚报文解析

10.20.1　报文实例 36：台风当地影响说明

10.20.1.1　报文内容

报文：WTZM81 NSTU 240253

序号：01 02　　03　　04

报文：HLSZM1

序号：　05

报文：URGENT - IMMEDIATE BROADCAST REQUESTED

TROPICAL CYCLONE AMOS - LOCAL STATEMENT

序号：　　　　06

报文：NATIONAL WEATHER SERVICE PAGO PAGO AS 353 PM SST SAT APR 23 2016

序号：　　　　07　　　　　　　　　　08

报文：...HURRICANE AMOS IS MOVING AWAY FROM MANU'A...

序号：　　　　09

报文：...AREAS AFFECTED...
THIS LOCAL STATEMENT PROVIDES IMPORTANT INFORMATION AND RECOMMENDED ACTIONS FOR PEOPLE AND MARINE INTERESTS IN MANU'A AND COASTAL WATERS.
序号：10
报文：...WATCHES/WARNINGS...
TROPICAL CYCLONE WATCHES AND WARNINGS ARE NO LONGER IN EFFECT. PLEASE CHECK THE LATEST PUBLIC AND MARINE FORECASTS FOR DETAILED INFORMATION ABOUT ADDITIONAL HAZARDS.
序号：11
报文：...STORM INFORMATION...
序号：12
报文：AT 1 PM SST...THE CENTER OF HURRICANE AMOS WAS LOCATED NEAR_
序号：13
报文：LATITUDE 14.7 DEGREES SOUTH AND LONGITUDE 168.7 DEGREES WEST. THIS
序号：14
报文：IS ABOUT 60 MILES SOUTHEAST OF MANU'A AND 140 MILES SOUTHEAST OF
序号：15 16
报文：TUTUILA. HURRICANE AMOS WAS MOVING EAST-SOUTHEAST AT 17 MPH.
序号：16 17
报文：.SITUATION OVERVIEW...
HURRICANE AMOS IS MOVING STEADILY AWAY FROM MANU'A. HOWEVER...HIGH SURF AND SMALL CRAFT ADVISORY AND WARNING REMAINS IN EFFECT FOR ALL OF AMERICAN SAMOA.
序号：18
报文：&&
序号：19
报文：.NEXT UPDATE...
THIS IS THE LAST LOCAL STATEMENT THAT WILL BE ISSUED FOR HURRICANE AMOS
序号：20
报文：ASZ001>003-240400-
序号：21 22
报文：TUTUILA-AUNUU-MANUA-SWAINS-
报文：353 PM SST SAT APR 23 2016
序号：08
报文：...TROPICAL STORM WARNING FOR MANU'A IS CANCELLED..
&&
序号：19

10.20.1.2　报文解析（见表 10.39）

表 10.39　报文实例 36 逐词解析

序号	要素含义
01	简式报头中的 TT；WT
02	简式报头中的 AA；ZM 表示：报文涉及萨摩亚
03	编报中心代码；NSTU 表示：萨摩亚 NSTU 编报中心
04	编报日期时间 DDHHMM（UTC）；表示 24 日 02 时 53 分
05	报文类型及地区 HLSZM，HLS=HURRICANE LOCAL STATEMENT，ZM=萨摩亚
06	台风等级+台风名称
07	编报中心全称
08	当地时间；表示当地时间 2016 年 04 月 23 日下午 03 时 53 分
09	台风当前概述
10	固定字段，影响范围
11	固定字段，监视和警告
12	固定字段，风暴信息
13	观测时间，表示当地时间 2016 年 04 月 23 日下午 01 时 00 分
14	中心位置，南纬 14.7 度，西经 168.7 度
15	到 MANU'A 的方向和距离
16	到 TUTUILA 的方向和距离
17	移向移速，向东南东方向移动，速度 17 迈（英里/时）
18	固定字段，情况回顾
19	固定字段，表示分节符
20	固定字段，下次警告发布时间
21	地区编号，ASZ001>003 表示 AS 的 001，002，003 地区
22	报文失效时间

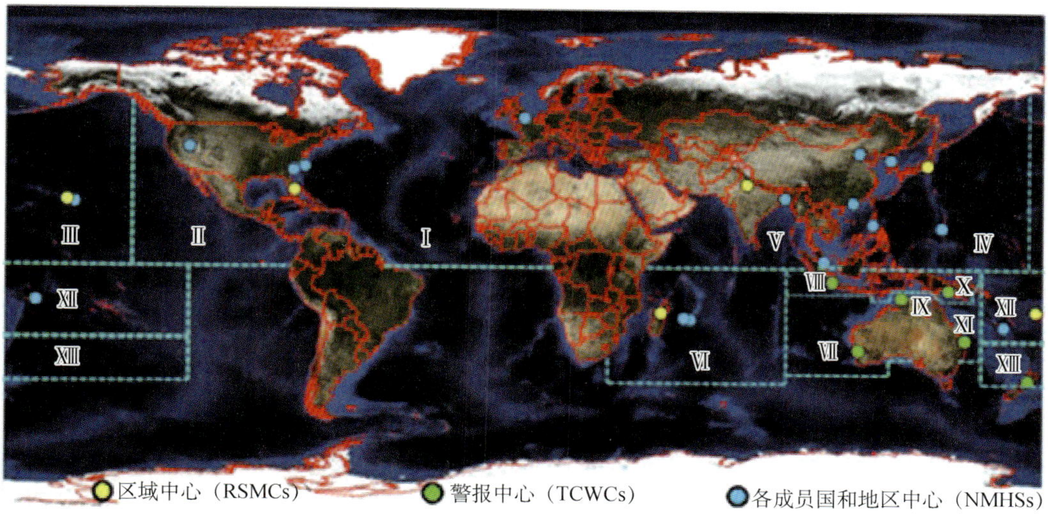

图 1.1　WMO-TCP 计划细化分区及存在编报中心的 WMO 成员国和地区分布

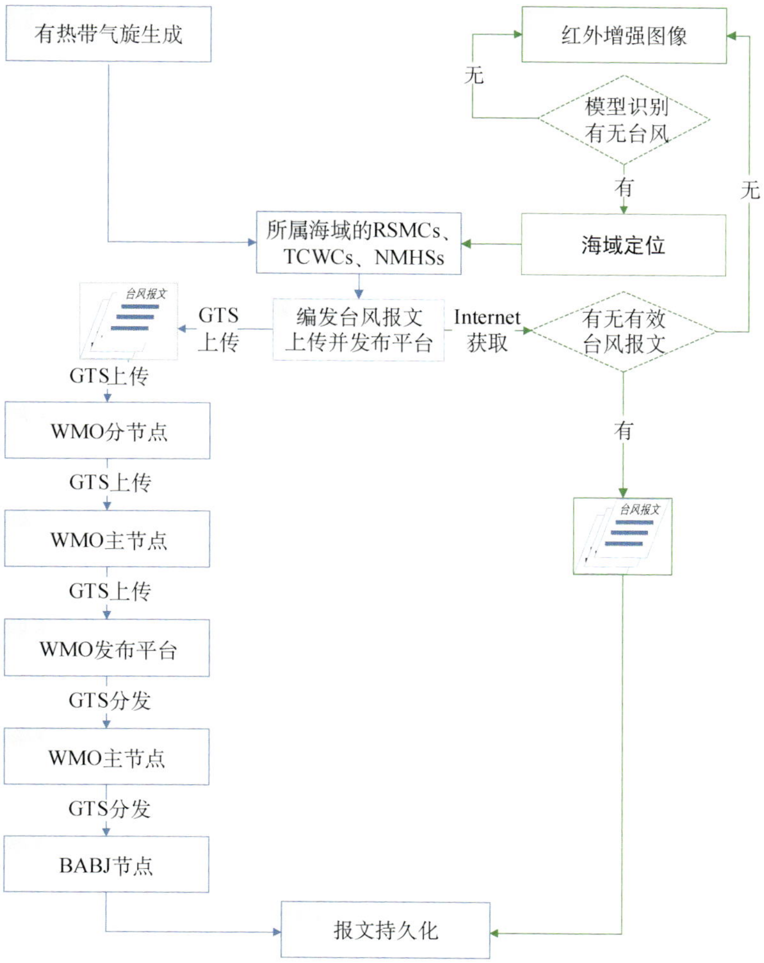

图 1.3　台风报文收集业务现状（蓝色）及改进方案（绿色）